人文科普 －探 询 思 想 的 边 界－

［法］约艾勒·扎斯克——— 著
（Joëlle Zask）

刘成富　于文璟　倪赛 ——— 译

田园里的民主：

从培育土地到培育自我

LA DÉMOCRATIE
AUX CHAMPS:

DU JARDIN D'ÉDEN
AUX JARDINS PARTAGÉS,
COMMENT L'AGRICULTURE
CULTIVE LES VALEURS
DÉMOCRATIQUES

中国社会科学出版社

图字：01-2017-3734号

图书在版编目（CIP）数据

田园里的民主：从培育土地到培育自我 ／（法）约艾勒·扎斯克著；刘成富等译. —北京：中国社会科学出版社，2020.2
ISBN 978-7-5203-5673-2

Ⅰ．①田… Ⅱ．①约… ②刘… Ⅲ．①农业史－文化史－世界 Ⅳ．①S-091

中国版本图书馆CIP数据核字(2019)第252300号

版权声明

出 版 人	赵剑英
项目统筹	侯苗苗
责任编辑	侯苗苗
责任校对	周晓东
责任印制	王　超

出　　版	中国社会科学出版社
社　　址	北京鼓楼西大街甲 158 号
邮　　编	100720
网　　址	http://www.csspw.cn
发 行 部	010-84083685
门 市 部	010-84029450
经　　销	新华书店及其他书店

印刷装订	北京君升印刷有限公司
版　　次	2020 年 2 月第 1 版
印　　次	2020 年 2 月第 1 次印刷

开　　本	880×1230	1/32
印　　张	7.125	
字　　数	156 千字	
定　　价	49.00 元	

凡购买中国社会科学出版社图书，如有质量问题请与本社营销中心联系调换
电话：010-84083683

献给我的农民爷爷本西翁·扎斯克

引言：无主而治

这部作品旨在说明下列观点：民主自由理想的逐步形成首先
并不是源于工厂，也不是源于启蒙时代抑或是商业、城市、
世界主义，而是源自农庄。更确切地说，这部作品试图探讨种植
者与土地之间的互动关系如何促进了民主的生活模式，究竟对这
一生活模式起到了怎样的维护和强化作用，并且说明这种互动关
系不是民主生活模式的诱发因素或唯一根源。对于农民来说，中
央政府遥不可及，因此，这部作品不是关注农民对政府政务的意
见，也不是关注农民的"选举行为"，而是关注农民在各个领域不
同形式的独立组织能力。相较于普通民众与上层权力之间的垂直
关系，这部作品所强调的，是个体与具有一定平等地位的团体之
间的横向关系。

　　耕作土地这一行为本身，便蕴含着一些促进民主价值观崛起

的先决因素。长久以来，我们对这些价值观的分析十分欠缺。这些价值观种类多样，它们是自由民主机构的先决条件和灵感源泉，从某种意义上说是其"精神"，这一点在孟德斯鸠有关法律的论述中有所提及。为了避免混淆，暂不谈自由民主机构。这些价值观构成了道德与政治的框架，而且有序整合了我们的个人经验、日常习惯和公共经验。人们会习惯性地把价值观与人权、公民权利、独立、生计、安全、个人能动力和与之相关的责任、教育、科学研究、个人发展所需要的自由交换、多元性以及对他人的尊重联系在一起。我们根本不需要把这些价值观压缩在一个能够把它们统一起来的空间里，只要靠自由民主精神、深谙民主、建立于风俗而非法律之上的创建者，就能够从中找到一个共同点。即民主作为一种结果，关键在于平等分配给每个人自我实现的机会；作为一种手段，能使个人通过积累起来的经验"自发地、自主地、自愿地"（正如林肯关于民众的论述）去发现、感受与发展自身的自由。[1]

从理论和实践来看，这些价值观并不是天上掉下来的，而且还远远没有完全实现。在不同的情形中，我们离价值观的实现时近时远。但是，耕作以自我管理（或称之为自治）的名义，成了一种有助于探索和重振其交汇点的活动，成了民主文化的基石，或者说民主作为一种文化的根基。正如托马斯·杰斐逊（Thomas Jefferson）所说，不自由无自治。没有对民主纯粹的热爱，就不会有什么自治。这与悠久的历史传统所倡导的东西背道而驰。该传统更具共和精神，或更具自由精神，而非民主精神，尤其是在法国。公民的作用仅仅是反对压迫和批评政府，但是，这个作用无足轻重。他们的首要作用是管理自己的事务，并在任何可以想象的情况下实现"无主而为"，这才是作用的根基。因而社会精神和公共精神形成了，另外个人品格也随之形成。许多作者将其称为责任、主动性、独立，甚至是勇气。

我们的设想一经提出，有关农民的生动构想便开始消退。农民像浪漫主义者所描述的那样，真实、简单且道德高尚；或是落后、保守，其思想意识总是囿于一亩三分地，具有根深蒂固的现实思想。因而，一个关于农民的广阔而鲜有探究的领域出现了，在这里，耕种不再是违反自然的事。一系列形形色色的观念和经验开始进入人们的视野，尽管它们并不具有什么普遍性和永恒性，却不失启迪和引导作用。我们可以认为，伊甸园是一切的发端，并为一切定下了基调：《圣经》中曾说，亚当应"耕种"伊甸，并"守护"伊甸，也就是对其进行照料。就孩子而言，养育便意味着守护，守护便意味着养育。政治与生态的紧密结合，是显而易见的。与之形成对比的是，该事实被遗忘和被否认，其极端的重要性遭遇撼动。

耕作土地与照料和守护联系到了一起，它不是普通的劳作，不是汗流浃背、挖空心思、苦心经营、无暇喘息、遭受苦难、心神不安；而是对话、倾听、提出建议、采取主动、贯通不同的节奏和逻辑、经历并阐释、预见但不言明、追求未来但又知晓未来可能不遂人意。亚当成了永恒的主角，从这一视角来看，我们必须重新审视历史上与自由主义相关的所有权，以及辛勤劳作之概念。

农业像是对土地的培育，这种培育与对自身的培育有关。这种意义上的农业，与农业工业化生产和生产的资本组织并无多少相同的特性。农业与农业工业化生产相去甚远，前者是为了谋取生计，后者则是为了赚取利润。在大多数情况下，两者相互对立，就如同守护土地与单纯追求收效的对立、对土地的享用与完全占为己有的对立、园丁或农民与工业化的农业生产者的对应。在这里，我们不会涉及对农业哺育人类的能力的各种争论。例如，越来越多的研究人员不仅质疑工业化农业（即没有农民的农业）哺育人类的能力，而且揭示了农业在对抗饥饿、维护民以食为天和食品安全，以及保护食物的营养价值方面的不良作用及其他。[2] 这些学者的分析入木三分，我们只需稍加了解，就能略知一二。

就像教育一样，培育是遭遇着另一事物，并与这种能够自成一体的事物展开对话（即当今的"永恒农业"）。因此，种植者在美其名曰的"个人主义"中，只能发现危险的冲突。在培育作物的同时，种植者培育了一种社会并对公共资源的生产做出了贡献。这种种植活动成了一种媒介，并在此基础之上，建立了种植者与土地之间的互动关系：一方面是种植者的需求、艺术、知识、习惯，另一方面则是种植者的土地和环境。这种种植在某种程度上符合农民参与的农业和农园耕种、个体农民耕种与乡村城市的农园耕作。[3]

从荒原牦牛圈养、18 世纪 50 年代萨瓦纳的城市农业[1]、对杰斐逊来说意味着"小共和国"的农场、巴西卡努杜斯的村庄、俄罗斯的小块田地、纽约的集体农园、玛丽亚·蒙台梭利的教育农园、退伍军人的疗养农园到如今因地制宜的农业、英国托德摩登"难以置信的食物"，以及与其他创造性不相上下的每一个阶段……通过这些，我想说明的是，种植者与土地共同形成了一个小型的共同体，种植者由此发展了结社的艺术。法国哲学家托克维尔（Tocqueville）把这种艺术视为民主生活模式的中心。结社的首要动因，并不是出于什么算计或好处，更不是出于集体身份的认同感，而是出于对社会生活的向往和对团结一致的渴望。杰斐逊和托克维尔先后不遗余力地说明了"公共意识"以及对自由的热爱正是源于这种倾向。尼克·哈诺尔（Nick Hanauer）认为，民主不应设计为具有合理功能的机器，而应像一座所有要素都汇集在一起的农园。

对土地的耕作并非引发而是伴随着民主实践，是民主实践之源。它描绘着一种性质尚未明确的未来，这种未来应该充分考虑到环境因素，否则是不可持续的。只有现行的经验旨在维护并持续共同重建个人相对于社会关系的独立、种植者相对于自然灾害及食物需求等自然限制的独立，以及自然相对于人类活动的独立，才能达成这一目标。从古到今，正是在人们耕作的小块土地上，才不断地出现各种新的合作方式、参与方式和社会化方式，而这

---

[1]　城市农业指以满足城市消费者需求为主要目的，采用集约的方式，种植、加工和销售农产品的产业。

些是再平常不过的事了。当今的工业社会造成了不规则的且生态上具有灾难性的生活方式，人们自然也就开始探寻一种更加严密且完整的生活形式。

我要试图描绘其轮廓并阐明其特点的事物并不是不现实的乌托邦，恰恰相反，它是在世界上真实存在的，即农业。农业是共享的、地方的、家庭的、农民的、生态的、传统的、经过深思熟虑的，并且是多样的。这样的农业并不是虚无缥缈的，而是真实存在的。例如，联合国粮食及农业组织 2015 年 10 月指出，当今世界家庭农业占据约 75% 的全球农业资源，是当今最重要的农业形式。家庭农业开发着约 5 亿个农业生产单位，约为总数的 90%，生产了世界上超过 80% 的食物。家庭农业[1]是保障粮食安全的关键。至于城市农业，它供养着 1/4 城市居民，约为 7 亿人。4

然而，在小范围之内传播如此之广的农业经验却并不为公众所知。即便个体农民及园丁农业通常脆弱而欠缺，这种农业也从未纳入一般人类学、形而上学、心理学甚至是财富理论当中。我们所谓现代的、自由的、民主的政治构想也从未对这种农业进行过考量。更加糟糕的是，这种政治构想与农业背道而驰。要知道"政治"（politique）一词源于 polis，即希腊语中的"城市"一词；而从词源的角度来讲，"公民资格"一词在拉丁语中的定义为"居住在城邦和城市里的居民"。在法国，"公民"一词出现之前有"城镇自由民"之概念，意为"居住在城镇并独自享有城市权利的居

---

[1] 家庭农业指以家庭成员为主要劳动力，从事农业生产的农业模式。——译注

民"，也有"平民"之意。

这部作品不求揭示鲜为人知的道理，而是想明确一件再也平常不过的事实，即小块土地现象，如果将这一事实束之高阁，自然也就意味着这世间几乎没有实现政治意义上的民主。但是，世上存在着一些数量众多并且在政治上具有建设意义的历史形式，其中有许多得以存留了下来。如今，作为社会融合的手段和生态变迁以及民主变迁的手段，数以百万计的人参与到其中：从绿色游击队组织、美洲许多地区的农民运动到东京都市中种植在屋顶上的稻田，从印度的小微农业合作组织到北美和欧洲的城市参与性农业。

不论是过去还是现在，这部作品涉及的农业概念都十分特别。这种概念既区别于重新回归土地的简单构想，以及回归原始习俗的轻而易举的臆想，又不同于历史长河中屡见不鲜的、带有强制性的农业乌托邦。这些农业乌托邦往往带有家长主义甚至是法西斯主义。书中的农业概念也不同于著名的思想家如傅立叶、欧文、戈丹，或是希姆莱、斯大林等政治领袖所论述的那样。书中涉及的农业概念，不管是过去的还是现在的，都是农业政治（或政治农业）的经验，而不是把个人置于被视作完美的集体架构之下，并且使个人打上集体的烙印。其特点是寻求个人自由和个人与他人构成的组织活力，以及两者之间的平衡和紧密的互补关系。

这种农业旨在形成一个单纯文字意义上的共同体，即一个目标和结构都不是提前确定而是逐步共同确定的团体。个人与他人联系在一起，但个人仍旧可以保持自我。个人参加集体的活动，并且仅以参与者的身份融入集体，而不必和他人来自同一地方、信仰同一种宗教或者拥有同样的地位。与此同时，这个共同团体确保集体资源的分配，并将资源交到其成员的手中，就像遇到繁重的农田耕种任务时，不同个体之间交换种植技艺或在体力上互帮互助，交互知识、插条和种子，共用一些集体设备、共享生产过剩的产品或未售出的产品、共同前往集市和市场，或是支持各种类型的参与活动、支持合作系统，借助消费者支持生产者。这就是法国的 AMAP 组织（农民农业支持协会）如今正在从事的活动。种植者与其劳作的土地之间的协议，隶属于一系列持续且恰当的社会协议和政治协议，所有这些协议与民主化永不枯竭的活力是相一致的。

以耕种的小块土地为主要切入点对所有有关自由的经验进行阐述，并不是一本书就能够说清楚的。由于篇幅的限制，笔者选用三段式的结构展开：从自我实现的目标到政治生活、社交性的实践，以及各种意义上民主文化的典型案例。

与如今决议民主极力推崇的唯"共同商议和决定"论不同的是，每种以参与联想主义为特点的情形都表现出了"共同为之"的特征，显然，这在全球范围内构成了最具创造性的、最有前途的社会政治运动。每种形式都有典范作用，表现在以下两个方面：一方面，它形成了一种"典型经验"的唯一对应者，约翰·杜威（John Dewey）将"作为经验的经验"与艺术联系在一起，菲利克斯·加塔利（Félix Guattari）足以照亮世界的"微观尝试"描绘了这种"典型经验"的雏形；另一方面，这些特征有助于我们生活模式和民主追求的形成，而每个人都深刻地表现出其特征：爱默生（Emerson）所塑造的农民个性、布法罗（Buffalo）文化大观园中的多元性、古代市镇系统的分享及公用、家庭农园的一体化、所有农民及园丁运动中表现出的独立和自治，以及自远古以来的科学和教育。

就上述所有情形来看，耕作并照料土地是一种"对事物的教育"，这是显而易见的事实。"对事物的教育"一词来源于卢梭的著作《爱弥儿》，对于一种崛起的民主文化来说，可以指必不可少的教育，也指教化（获得文化，接受教育）、适应新文化（遭遇一种新文化）、耕种（培植作物）或修身（通过经验发展个性），所有这些行为是互为补充且相互适应的。

| 目 录 |

1. 从培育土地到培育自我

我们生存的生态环境遭到破坏，我们生存的理由遭到驳斥。面对这种情况，我们必须扪心自问，培育土地与人的个性发展，尤其是与民主价值观的形成有何联系。农民和园丁与他们耕作的土地之间究竟存在何种关系呢？培育土地在哪方面对于培养人自身做出了贡献呢？作物的种植不仅满足人的口腹之欲，同时也丰富着人的主观性、个性与独立意识，个人又能在作物种植的过程中汲取到什么呢？

农业带来文明，或者更确切地说，在最持久且最具人性化的文明发展过程中，农业产生了文明，人们并不是今天才开始对这种说法深信不疑。这种说法的历史十分久远，许多创世神话、各种故事或古代的哲学演说都印证了其悠久的历史。我们知道，哥伦布发现新大陆之前的一些农业神话，或是澳大利亚本土的农业神话，其中人文主义、对萌芽的崇拜、祈求丰收和季节更替时的仪式、播种时的女守护者以及保佑食物充沛的女神，这些都与农业相伴而生。农田中的劳作有利于个人个性的形成，而文明恰恰源自不同个性的结合，也就是说，人类特有的共同生活方式源自不同个性的结合，这一观点流传甚广。因此，在希腊神话中得墨忒尔是农业与收获的女神，即土地之母，她所掌管的土地不像是地母盖亚掌管的、能够自行调节的天地或是瑞亚女神掌管的世界，而是一片能够哺育人类的具有活力的土地。得墨忒尔是农业女神，同时也是构建人类社会的女神。她负责协调果实成熟的不同时令和人类社会的众多法则，保护植物并且庇佑孩子和婚姻，守护着土地的肥沃，并确保谷物的丰收。在分发种子、休整土地和保留植物品种方面，她事无巨细，尽职尽责。宙斯胜利之后把土地占为己有，贪婪地一味追求土地的产出，发动战争，焚薮而田，得墨忒尔知道这些灾祸不可避免，于是她严守着自己的秘密。如果土地的发展不可持续，那么社会的发展也必将不可持续。

古希腊诗人赫西俄德在其著作《工作与时日》中，把农业与人类一些重要品质的发展联系起来：观察季节、辛劳、耐心、专注、谨慎，就像得墨忒尔和她的女儿们那样。就其重要性而言，农业领先于航海和商业，所以农业是诗歌中的第一主题。人类得益于农业的福泽，免于疾苦、依赖、流浪和行乞。许多其他故事也是一样，首要任务并不是赞颂某种生产活动的效率之高，说明它所带来的经济利益或者所使用的技术，而是通过农业劳作，揭示人类自身的可完善性以及实现自我完善的方法。人类的这种可完善性根植于对土地的耕作，或者更确切地从历史既定的角度看，根植于土地私有（洛克），土地包揽（约翰·穆勒）或是理性发展（康德），这些为我们展开了一幅独特的人类学画卷。

在探讨几个具体事例的细节之前，必须说明个性和对自我的培育是论述的起点。或许，这个观点看起来太过个人主义，并且太不民主，但事实并非如此。自由民主及民主生活方式的本义，是个人不再被他所在的集体压迫，并且集体不再沦为其成员的工具。因此，从两个方面中任选一个作为开始并没有什么区别。从民主层面来看，个人受益于集体，同样，集体也受益于个人。集体中的个人归属感越强，素养越高，越能找到平衡，那么他们组成的集体就越积极，越具有活力。同样，集体开放度越高，可塑性越强，那么它对构成集体的个人就越有利。

关于民主的这些看法是逐步形成的，尤其是在19世纪50年代这个具有转折意义的时间点，人和公民的权利中增加了社会和文化方面的权利。通过教育、劳动法、对所有人而言的文化共享和健康，个人和集体之间相互服务的关系和相互依赖得到了加强。公民和政治社会对其中组成成员的个性发展负有责任，承认这一事实意味着把个人或社会看作独立、自然或既定存在的实体的终结，个体与社会共同发展的观点也因此更具合理性。该进程是衡量诸如民主生活方式、民主制度与民主结构发展程度的标准。因此，个人与社会既非因果关系，也非目的手段，任意选择其中之一开始研究，并无二致。

把个人作为着手点，是因为许多社会政治机制碾压并摧毁着个体。在个人与君主专制、宗教专制和暴政斗争的过程中，15世纪最早的自由人道主义者（自由，是因为他们拥护自由）把个人单列出来，并给予个人较之于社会的优先性，并不是因为他们相信自然状态的存在，而是因为他们意识到一种极不公道的权力会扼杀个性，对此他们深恶痛绝。蒙田（Montaigne）、托马斯·莫尔（Thomas More）和拉博埃西（La Boétie）把"第二本质"称为束缚、愚钝和堕落的状态，这种状态是由与人类发展的正常条件完全相反的社会形态所形成的。在人们与贫困、宗教专制、不平等现象和政权专制做斗争的过程中，最早的自由者认为每个人从出生开始，甚至在与他人建立联系之前，通过某种方法（人类本性的方法）就自然享有发展其个性的权利。建立在人性，也就是在人类特性之中重塑人的政治方法，就是所谓"自然"权利的本分。被链条束缚的奴隶怎么会得到自由呢？满脑子成见的文盲难道可以健全自然善意并发展智力吗？缺衣少食又挥汗如雨的穷人又怎能获得自尊呢？必须创造一些既能保护又能激发人的潜能的制度，有时要从出生的时候就开始，就像卢梭提倡要把婴儿从襁褓之中解放出来，以便他们可以自由伸展手脚一样。

▶▷　让沙漠开出鲜花：伊甸园中的亚当

　　在践行人类自身可完善性的众多形象当中，亚当在伊甸园中的形象我们无法避而不谈。亚当因犯了原罪而被逐出伊甸园，这一形象盖过了亚当作为伊甸园种植者的形象，对他来说是极为不公的。在《创世记》的第二章和第三章中，上帝将自己创造出来的生灵——亚当"放置"在农园中，让他种植并照料农园。在进行这两项额外工作的过程中，亚当实现了人性。这种照料的美德应该得到赞颂。

> 上帝
>
> 上帝带走了人类
>
> 他把人类放置在伊甸园中
>
> 让他在那里劳作和看守[1]

上帝创造了大地和天空，在《创世记》第八节，他在东方的伊甸立了一个园子。最初，伊甸园中并没有植物生长。为了使园中的植物丰富起来并且结出果实，首先需要雨露，其次是人，即亚当，最后还需要河流。这条河流有四条支流，第一条支流是比逊河，可能对应的是现实中的尼罗河，第二条支流是基训河，第三条是底格里斯河，第四条是幼发拉底河。在阿卡德语中，"伊甸"的意思是荒原或平原。

上帝用尘土创造了亚当，并把他"放置"在伊甸园中，让他进行劳作和服务，希伯来语中的"le-ovdah"一词能表示这两种含义。此外，亚当还负责守护伊甸园。以上就是上帝赋予亚当的两种任务，即耕种土地并照顾伊甸园。这是他的职责。有了雨水和亚当，伊甸园便成了被种植的土地或是"人类的土地"。翻译家梅肖尼克把希伯来语中"adama"一词译为"人类的土地"，"adama"一词与希伯来语中表示红色的"adom"一词十分相似，而"adam"

一词是不分阴阳性的词，表示人类。上帝放置亚当的土地并不是原始的土地，就像是作为行星的地球一样，不是脱离时间影响的土地。这片土地已被播种和耕作，并应被持续养护和照料。这块土地必须依赖人类的劳作，也正是因此在《圣经》中识别出了可以食用的植物以及像金子、玉髓、玛瑙和树胶等具有使用价值、人人竞相追逐的材料。

被种植的田地不同于通常意义上的土地，因为土地的含义根据土地上进行的不同活动而变化，被种植的田地也不同于《创世记》中创造出来的大地，亚当在大地上以另外一种形象出现。以阿哈龙·利希滕斯坦（Aharon Lichtenstein）为代表的一些人认为，第一个亚当的形象对应的是人，然而被放置在伊甸园之中的亚当，则作为社会和历史中的人而存在。[2] 夏娃在伊甸之中帮助并陪伴亚当。

亚当（Adam）与土地（adama）正在成形。有关他们的记载不是切实存在的，而是虚拟的。然而，他们的潜力在共同的行为中被不断开发，因交互行为而发展：在种植的过程中，亚当为耕作伊甸园所做出的努力使自身得到了充分发展；同样，通过产出作物并对亚当的劳作进行回报，伊甸园改造了亚当，亚当也适应了伊甸园。自然与耕种活动并不是相互对立，而是紧密相连。亚当需要用土地中生产的作物维持生计，土地同样需要亚当才能保持生机。

1970 年，生态学家詹姆斯·洛夫洛克（James Lovelock）提出了"盖亚假说"，与其中的一些观点正好相反，"人类的土地"（本书唯一的关注点）之平衡并不是自然而然持久存在的。自然中的每一个物种，包括人类，都应该适应环境，进行自我转变从而找到持久存在的方式。同样，伊甸园是可以改良的，亚当应当从中实现个性。一方的发展与另一方的发展是相辅相成的。

亚当既不创造也不征服伊甸园，更像是通过一场邂逅寻得了伊甸园。如果照搬笛卡儿的说法，并不是因为主宰并拥有了自然，亚当才可以实现自我，而是通过耕种自身所在的环境，保护自然不受可将其摧毁的因素的影响，这样才可以实现自我。《圣经》中有关自然的政治不是建立在权力或控制之上，也不是建立在占有和支配之上。从一开始，它就关乎生态。

生态常常与本质主义的、浪漫的自然主义联系在一起。这种观点对于弄清两者之间的关系具有十分重要的意义。例如，法国的水务森林和国家公园奉行的政策是把人与自然对立起来，人总是具有破坏性的，而自然永远是纯洁的，这种政策其实落入了上述窠臼之中。从农民的角度来看，土地和国家既不是自然的也不是人造的。在那些土地很早就被耕种了的地方，荒地、自然状态的土地、牧场、休耕地、正在耕种的土地、农园用地和过渡用地层叠交错，不可分割。"农民不把他们在高山上的住处视作一系列并列存在的空间（耕地、森林、牧场），而是视作相契合的实践而形成的土地，就像农园。这些实践对应着两种含义上的拥有，一是财产权，二是使用权。"自相矛盾的是，有人打着"自然"的幌子，将被认作是破坏者的农民排除在休闲、滑雪及旅游业等活动带来的好处之外。同样在自然的幌子之下，自然恢复计划沦为伪自然化计划：把河流引离原本的河床，把树种植在原本可以生存的最高海拔之上，或者排干斜坡上原有的水，我们营造了一种并非本来面目的自然。同样，一些生态中心论者，成立了深度生态学的激进环保组织"地球优先"（Earth First！），鼓吹人类应当对地球施加最微弱的影响：自然和人类属于两个不同的层级，一方是神创论，一方是人创论。自然是秩序、和谐、美的象征，而人总是与破坏、混乱、丑陋画上等号。环境伦理支持者，尤其是约翰·拜尔德·卡里克特（John Baird Callicot）把阿尔多·李奥帕德（Aldo Leopold）视作生态理念的先驱，后者常被引用的一句话是："一件事物如果它试图维护有生命的世界的稳定、完整和美，那它就是好的；如果没有这种意图，那它就是坏的。"

然而，当涉及伊甸园时，应当避免把人视为"帝国中的帝国"（这是斯宾诺莎［Spinoza］的观点），但是深度生态学的创始人阿恩·奈斯（Arne Naess）则批评他的"人类本位观点"[5]，认为不应把自然看作一项完美无瑕的完成品。亚当与伊甸园相互服务，各取所需。如果亚当不在园中进行耕作，他终将骨化形销，农园也将日渐荒芜。

《创世记》中没有对伊甸园原始状态的描述，因为伊甸园的样貌是人类劳动的结果。反之亦然，亚当的状态不能与原始而缥缈的自然相契合，因为亚当在自然中劳作，是他自身发现了自然，并且与之维持着互动关系。《圣经》中的《箴言》是有关人类活动与自然进程互补性的箴言。亚当改造伊甸园的同时，并没有破坏伊甸园固有的，以及亚当自身劳动成果的自然性。在耕种土地的同时，亚当改变着自身，不仅没有丧失反而强化了自己的本性。就像本杰明·富兰克林以及美国大部分农场主共同认为的那样，照料自己的农场就是照料自然。根据本体论的观点，耕作并不独立于自然，自然也不独立于耕作。

还是再来讨论一下守护农园的职责吧。首先，保持农园原有的状态，保护其中的树、各种各样的植物以及种类丰富的动物。其次，为农园服务，保护它，为农园带来益处，保证农园里作物之间的平衡，并且让捕食性动物远离农园。最后，料理农园，如果农园遭到损坏，要及时修葺。这三重职责与温尼科特（Winnicott）在教育领域提出的"足够好的环境"十分相似，守护孩子并不意味着让孩子免受所有外界的影响，或者是像监狱控制囚犯一样控制孩子，而是理顺孩子与外界的人和事物所建立的关系，以便发挥与激发孩子的潜能。守护是一件需要注意力、警觉与呵护的事。守护与卡罗尔·吉利根（Carol Gilligan）宣扬的"关怀伦理"类似，守护的含义中包含着守护人作为主要角色的特殊伦理关系。守护农园并不是消极地对农园进行监视，或为了测试农园的抵御能力而把它置于纯天然的外部环境之中，而是要筛选能够进入到农园之中并能够为它带来活力的要素，以保持农园的生机、美貌和健康。在为发展生态农业的农民约瑟夫·普赛（Joseph Pousset）的书写的前言中，多米尼克·拜勒姆（Dominique Bellepomme）医生使用了"健康"一词：农业，至少是有机农业之于土地就像医学之于人类。农民的所作所为与医生类似，他写道，"农民关注的问题是土地的健康，使用预防性手段防止寄生虫和害虫带来的病害。在现有的可用手段中，有对土壤的诊断分析，对动物的临床观察，以及土壤及作物变质时使用的药剂"。[6]

培育土地、培育自我以及培育社会关系，这三者的互补性与在《圣经》中使用的"守护者"或"看守人"的概念十分契合。例如，《圣经》(《申命记》) 4.15 中所说，要竭尽全部注意力来看守自己。换句话说，不要冒任何无用的风险，即使你的风险行为只会影响到你自己而不是别人。"守护自己"，照顾自己，就像亚当守护伊甸园和农民守护自己的土地一样。随心所欲地做自己，或按照自己的心性处理与别人的关系，这都不是自由。生而为人，你注定是一个肩负责任的守护者。

亚当成为园丁时，劳作对他来说显然不是一种惩罚。劳作是人类赖以生存的条件。在农园里劳作为人类实现人性化带来了所需要的一切：食物、审美情趣、获取并传播才干的发现精神，以及陶冶品德所必需的关怀精神。劳作与受苦和汗水没有丝毫关系。惩罚是在别处进行的，亚当和夏娃吃了禁果之后被驱逐到荒芜之地所进行的耕作，那才是一种苦役。

在伊甸园中，亚当的劳作相对容易。伊甸园中土地肥沃，没有荆棘和蒺藜，亚当得心应手。他知道如何耕种以及耕种的节奏。他知道使自己的劳作顺应四时的变化，如此生产糊口所必要的食物。在他所耕种的田园中，他并不是至高无上的主宰者，但也不是驯良的仆人。在主宰与顺从之间，他发挥自己的主动性，静心观察，耐心等待，必要时投身其中。亚当守护着伊甸园，他对伊甸园怀有一颗敬畏之心并以其为荣。亚当耕种着伊甸园，他维持并增添着农园的生机。一方面，他自己参与到了自然循环的周而复始当中，并为这一过程做出了贡献。亚当依据季节和植物本身的节奏来调节自己劳作的节奏，他不是把自己置身于自然之外，仅在他认为对自己有利的阶段唐突地介入到自然之中。另一方面，亚当作为种植者是具有创造性的。他既保证维持在他之前的状态，也维持在他之后会继续存在的状态，即"世界的发展"，迈蒙尼德（Maïmonide）在表述建设性活动之后的状态时使用了这一表达。非建设性的活动，对现实来说并无效果，不会带来世界的发展和一个有责任感并且可信的主体的发展。在迈蒙尼德看来，正是因为上述原因，《革马拉》禁止运动员，至少是职业运动员在诉讼中当证人，这是合情合理的。[7]

　　耕作与呵护不可分离，二者的结合化解了所有的辛劳。在伊甸园的例子中，目的和手段合而为一。耕作就是守护，守护就是耕作。对于被守护的对象来说，守护本身并不是一种手段，而是它存在的条件。倘若　个孩子没有大人来守护他，他就不是 ·个社会意义上的孩子，而是一种动物。在对孩子的定义中，守护是不可或缺的一部分，只有在守护的环境中，孩子才能成长为现在的样子。对农园来说也一样，没有守护，农园就成了一片荒芜之地。耕作与守护的结合造就了一种人本环境，能够把人作为园丁的潜质发挥得淋漓尽致。相反，劳动如果像苦难一般，那么，这项劳动不仅是漫无目的的手段性劳动，同时也是一项重重压在个人之上并使之身心俱疲的劳动。这种劳动不仅不会拓展个人未来的发展空间，而且使之变得狭隘，或是将其摧毁。当一位劳动者同时也是守护者时，作为自然和人类目的连接点的事物才有助于人类个性的发展。个人不会被束缚或剥夺，而是寻得了自己的自由。

　　耕作者维持植物的结果和繁衍，伊甸园就会繁茂起来。但在另外一方面，耕作者同样应该避免过度开发带来的土地枯竭。《圣经》中指定了休耕，并对此进行规范。要避免过度开发、完全主宰农事的思想、绝对权威的人类学，以及人与自然的割裂，最根本的方法就是执行"土地安息日"。在《利未记》中，上帝建议以色列的子民在六年的耕作、修剪、收获之后，让土地休息整整一年：

　　　第七个年头　休息　彻底休息　让土地休息　让我主休息
　　你的田地　你不要播种　你的葡萄树　你不要去修剪[8]

　　休耕也具有道德和政治上的影响，它去除了将土地占为己有的一切合法性。我们将在不久之后发现，这种土地安息日制度是如何倾向于土地租借或租用体系，并且赋予私有田地相对和有限的特性的。但是，极为重要的一点是，让土地休息并且暂停一切干扰土地休息的农事，这一制度承认了土地的永续性。这条法规在人类参与的自然中体现了世界相异性的观念。在规定土地不属于个人的同时，土地安息日制度对后代的未来世界也发挥着作用。因此，土地安息日可以被视作可持续发展的一种手段。

　　《圣经》及其注解中不止一次地明确说明，如果伊甸园（人类的土地）需要园丁，那么它同样需要雨水，尤其是人对于雨水的不可或缺性的承认，二者互为补充。拉什（Rachi）评论道，没有人，就没有雨水，"因为没有人承认雨水带来的好处。当人出现并且明白雨水对世界的重要作用时，人便祈求拥有更多的雨水，雨水滴落，万物生长"。[9] 园丁承认对土地的耕种取决于多种必要的可变因素，但是这些可变因素却独立于人的意志。人应该友善地耕种土地，认识到人类行为的风险性，根据可能性行事，因为，人与伊甸园组成的合作团体以农业科学的发展为基础。在一个没有任何河流经过的国度里，雨水的不确定性给予了亚当静心观察和耐心等待的心性，并引导他建立关于水的规则。与土地的所有者不同的是，耕作者学着预测雨水降落的时间，学着等待，也学着分享、节约并循环使用雨水。这在《塔木德》中有详尽的记载，雨水的不确定性，对自我来说是一套完整的社会政治程序：应划定井的所有权、关于管渠和公用水库的管理规则、旅行者对于水洞的权限、对水源的污染的禁止，以及细致地将污水和饮用水分离开的详细规则。相对于那些对世界进行完全控制的人，尤其是相对于埃及人来说，对雨水的依赖赋予了亚当一项优点。那时的埃及是一个从来不会缺少雨水的国家，所以埃及从来没有采取过任何"预防性原则"。埃及人自认为受到庇护，心存主宰一切的幻想，以至于盲目崇拜、故步自封、僵化自满。

与正常耕种的土地相对的是荒芜的土地，即回归至尘土状态的土地。这是可能发生的最糟糕的情况。伊本·以斯拉（Ibn Ezra）在《耶利米哀歌》中指出，荒地的美感和吸引力不复存在，它不再给人任何回应。然而，千万不能把荒芜的土地与沙漠以及仅仅是不适宜人居的地区混为一谈。荒芜的土地，是我们原本可以进行农耕的土地，但是，却因农药的使用变得贫瘠，它已被榨干，目所能及之处是一片荒芜，毫无生机。它原本是"人类的土地"，却变得不适于农业耕种和人类的自我培育，不再适宜于农业生产和文明诞生。土地变得使人生厌，土地的性质被扭曲了，它与社会化和个性化的进程背道而驰。

　　荒芜之于土地，类似于流离失所之于民众以及忧心忡忡之于个人。人的流离失所并不是土地枯竭的原因，而是土地的枯竭造成了人的流离失所。拉什认为，当荒芜掠取了土地、葡萄园或是房屋的生机，最糟糕的莫过于人们不能再居住在这里，甚至无法制订返回故土的计划。时间越久，返回故土就越困难，土地就更加令人生厌。回乡总是遥遥无期，成了心灵上一道不可逾越的鸿沟。[10] 即使人们对此无能为力，但没有人因为自己的无力而放弃回乡的计划。这种状况使人的焦虑感倍增，因为土地的荒芜持久印证着这片土地上所生活的人及其文明的失败。土地逐渐沦为被洗劫、破坏和瓦解的对象。在《圣经》中，特别是在《以西结书》中，被抛弃的土地和荒废的城市沦为永远的笑柄和被鄙夷的对象。这使原来的居民蒙羞，这种羞耻感迟迟无法抹去，因为回归故土总是遥遥无期，这就是对他们的"惩罚"。在《利未记》第26章中，上帝告诫他的子民们，如果他们不遵循规律，他们的土地就会荒芜，并且永远寸草不生，土地将不再给人以回应。土地最终得以休息（安息日），那是作为开发者的人从未给予过它的。在《出埃及记》中，以摩西为首的希伯来人面临的问题就是处理这进退两难的局面，回归与否，终将做出选择。选择安逸还是接受更为繁重的劳动？难道即便等待他们的是一片不毛之地，也要承受犁地、播种和收获的辛劳吗？然而，除了种植树木、耕作土地和实现食物的自给自足，并没有其他摆脱奴役并获得自由的途径。

以色列荒芜的景象并没有终结。18世纪50年代之后，许多旅行者刚踏上这片昔日的"应许之地"时，对眼前的凄惨景象失望至极，他们借助《圣经》中的词汇表达着自己的失望。诸如阿拉丁、夏多布里昂和福楼拜等作家曾经期望发现一片"流奶与蜜"之地，但现实中，他们找到的却是布满泥泞的沼泽，肮脏、赤贫、被灰烬和废墟掩盖的国度。1738年，英国考古学家托马斯·肖（Thomas Shaw）确认："圣地已变为废墟，空空如也。"正如亚历山大·基思（Alexandre Keith）1844年写道："圣地已处于先知们所描写的完全荒芜的境地。"至于马克·吐温（Mark Twain），他沮丧地写道："这里已荒芜到如此地步，就算是为之注入生气、付出劳动，都难以改变现状。耶路撒冷惨淡、凄凉，了无生气。巴勒斯坦像是被装入了一口满是尘埃的袋子。我不想在这里生活。"[11]

犹太复国主义思想的历史中也夹杂着这种荒芜景象。19世纪初以来，犹太复国的支持者们就清楚地知道，等待他们的并不是良辰美景。他们必须首先战胜返回巴勒斯坦的反感情绪，才能在那里种植树木，耕作土地。至于那些支持犹太人政治独立的人们，也不曾想离开欧洲去寻找遗失的乐土。

事实上，"应许之地"并不是伊甸园，人们在这片土地上辛勤劳作，灌注心血，把它改造成了伊甸园曾经的模样。传统的犹太复国主义建立在合作和社会主义农业的基础之上。这种农业的主要形式是基布兹，一种社会主义农场，而这是符合逻辑的。通过生态农业方面的合作和科学研究，基布兹在经过长时间的衰退之后，如今重新找回了活力，这也是符合逻辑的。至少在一定程度上，这种新农业与"使荒漠开出鲜花"这一古老计划相契合。如今，土地被置于工业化农业的重压及其衍生出来的文明之下，土地正在变成荒漠。在阿玛哈索菲基布兹有一家名叫 Auto Agronom 的高科技公司，该公司提供智能技术，通过把传感器固定在植物的根部，可以将肥料和杀虫剂的用量减少 70%，同时把灌溉用水减少到 50%。阿甘先进农艺公司（Agam Advanced Agronomy）地处米吉多基布兹，该公司发明了可以细致观察作物，并识别作物需要的遥控无人机和卫星。马加基布兹正在不断改进以色列人西姆切·布拉斯（Simcha Blass）发明的著名滴灌系统。用犹太教教士耶胡达·本·西门（Yehuda ben Simon）的话来作为结尾吧："在世界开始之初，上帝在伊甸园种植了果园。那么你也应该效仿上帝，当你进入以色列的土地时，你首先应该种植各种各样的果树。"[12]

▶▷　美洲独立农民礼赞

《圣经》人类学的影响可能是有限的。亚当通常作为罪人而非园丁的形象出现。关于他的记忆不是逐步实现个性化的记忆，而是有关带有先天和遗传缺陷的创造物的记忆。同样，提及伊甸园，人们想到更多的是遗失的乐土，而不是耕作者用心守护的农园。然而，《圣经》中认为，那些历史悠久的农业传统可追溯到古希腊和古罗马时代，尽管这种思想早已被束之高阁，但是，这一事实却成了 17 世纪和 18 世纪回归土地哲学思想的发端。[13] 然而，仍有一些作家忠于《圣经》中的思想，例如，伏尔泰就把甘迪德比作亚当，于他而言，劳作是他的义务。卢梭和狄德罗也如此。但是，亚当的形象与自由体制之间的联系是在美洲确立的——那个在殖民统治之下，并在 18 世纪革命浪潮风起云涌的美洲。美洲对于很多"先驱"来说是应许之地，在那里可以回归农业和土地。美洲民主的诞生与类似于伊甸园的独立农场的诞生不可分割。从清教徒到开国之父，从约翰·温斯罗普（John Winthrop）和亚历山大·惠特克（Alexander Whitaker）到本杰明·富兰克林（Benjamin Franklin）和托马斯·杰斐逊（Thomas Jefferson），重建《圣经》中伊甸园的构想被反复斟酌。极力主张社会公正的英国将军詹姆斯·奥尔格索普（James Oglethorpe）（1696—1785），于 1732 年带领 114 名欠下债务的犯人登陆美国佐治亚州，他释放了犯人，并在那里建立了萨瓦纳城，他把殖民地比作被耕作的应许之地。他引用《以赛亚书》第 35 章 1 节，"沙漠开出鲜花，像玫瑰一样美丽"，还有《传道书》第 2 章，"他们种植了葡萄，建立了农园，并且在那里种植了各种各样的果树"。

　　或许，本章中涉及的例子相对于农业和工业来说无足轻重，因为后者有许多一味追求集中开发、不负责任的实际案例。这些案例构成了一种次民主文化的基石，或多或少地被掩盖了，对其进行发掘也是本书的目的之一。一方面，这些案例见证了一种可以识别的经验，即通过土地的耕作实现个性化的经验。卢梭在《爱弥儿》中提出的"自然教育"与美国典型的"经验教育"相映生辉。借用爱默生的说法，它是"性格养成"中的关键阶段。归根结底，美国的民主生活方式建立在此基础之上，美国人对此深信不疑。另一方面，这些案例贯穿于公民性构想的发展之中，公民性应该建立在作为个人独立的自由之上，而不是优先建立在任意自由或平等之上。除此之外，这些案例是我们关于公民性的具有认同感或是旁观感的构想的有用补充。我们将会认识到，与我们不得不适应的反应公民性完全不同的是带有参与特点的公民性，而这种具有参与特点的公民性是在与农业的接触中形成的特殊概念。最后，我们竭力研究的这些案例的共同之处，就是把政治文化与政治实践紧密联系在一起，公民性植根于对自由的觉悟和无主而为的习惯。

美国的个人精神既有集体精神的倾向，又关乎个人的自我提升，那在美国作为农民的经历是如何促进这种个人精神发展的呢？这是美国的建国之父托马斯·杰弗逊想要解答的问题。杰弗逊是美国的第三任总统，也是美国《宪法》和《独立宣言》序言的撰写人，是民主得以在美国落地生根的关键性人物。他提倡"主权在民"。18世纪人们把精英主义称作"自然贵族"，与精英主义支持者所不同的是，杰弗逊在他的每一次政治选择当中都以人的自我实现作为指导思想。个人积极参与到自己所在的组织当中，积极制订个人的规划和组织的规划，以这种方式实现自我，这才是民主经历的目的所在。[15]

　　从职业生涯的初期开始，杰弗逊就支持未来的政府即民主政府，以集体意志的民众观念作为治国的依据，而不是依据其他可变的因素。他认为相较于高高在上的中央政府，地方政府和范围较小的区划是实现自由的最好场所，只有通过自治，一个自由国度的机构和法律才能得以维持下去。然而，不久之后，约翰·德威提出的哲学中一个重要观点是，自由行动是一把"双刃剑"：个人自身可以完成自由行动，自由行动不是达成一个预先目的的简单手段。总之，自由行动对应着土地耕种中类似典范的实践。在杰弗逊看来，人与公民具有连续性，甚至两者相互作用。公共道德和个人道德既不相互对立，也不能轻易分离，两者互为补充，紧密联系。田园是两者共同发展、相互促进的最好场所，"土地种植者是最宝贵的公民。他们最健壮、最独立、最高尚。他们最依恋自己的国家，他们与国家自由和利益的联系最为持久"。[16]种植者心怀最为真切的道德，而且，"任何时代、任何国家都没有出现过农民集体道德沦丧的例子"。[17]

　　这项美德产生于何种自然状态之下呢？美德并不是源自一个道德主义至上的环境，而是源自囊括了所有人类品格的整体环境。这种美德是个人在面对世界时，自身所固有的"独立宣言"。卢梭是在独立方面颇有建树的伟大思想家，对他来说，美德就是个人能够在自己的活动中获得自身的平衡，而不是在别人的活动中或是依靠某个非自愿的机制来获取平衡。他把别人视作独立的个体。"美德"（la vertu）与希腊语中"德行"（virtù）一词类似：独立不仅仅是物质方面的独立，也是人类既能发展其特有的人道能力（即"德行"[virtù]），又能发挥其个性特点（即"美德"[la vertu]）的状态，在这种状态下，人可以为自己和别人维持并保护这种状态得以存在的条件。

在物质层面或精神层面，这种独立不同于"自治"：这不像在传统的"自由意志"中把人表现为不可触犯的基本存在，自然不对人的环境条件施加任何影响，人就是自己的中心。与自治相关联的自由和与独立相关联的自由并不属于同一类型：第一种是不受任何外界的影响，做自己想做的事并且有思考的自由；第二种自由更加具体和实际，是行动的自由，是在构思行动和实施行动的过程中具有的自由，是开启新鲜事物的自由，是转变世界的自由。独立的个体自行判断、探索，进行尝试并自己承担责任。他照料自己的家庭，学着认知世界，规划自己的活动，管理自己的事务并且自我管理。[18]

这种自由意味着了解行动的具体条件。种植者所需要的一切都可以从自身获得，并且根据自己内心深处的意志行事，但种植者的独立并不是建立在这些层面之上，而是建立在他与外部世界的关系之上，这种关系源于种植者与田地和植物的关系，它为种植者带来一种平衡，有利于种植者在所处的环境中发展自己最重要的能力。自由共和传统所特有的自治性自由不复存在，取而代之的是对话性与团结性的个体自由。

因撰写《一个美国农民的信》而闻名的 J. 赫克托·圣约翰·克雷夫科尔（J.Hector St John de Crèvecoeur）在这方面有大量论述：

美国的农民既要面对自己的劳动成果，又要接受来自自然的严峻考验，因此，他们谨小慎微，善于观察，懂得忍耐，富有远见并且勤勤恳恳。所有人都是在为自己劳作，因此，他们的学习速度之快令人惊讶。面对自然（例如暴风雪），他们不会感到茫然无措，也不会尝试着去主宰或者控制自然。对土地进行耕种意味着把土地视作一场比赛中的对手，人们可能输给它，也可能战胜它。面对自然的不可预见性，群居会使人们休戚与共，给他们带来鼓励并使他们取长补短。克雷夫科尔认为，农民社会并不是联合起来对抗自然灾害的群体，而是互帮互助并且不排外的小型组织，除了游戏和歌舞之外还有共同的劳作，例如，排干沼泽地中的水、搭建谷仓，以及去除田地中的石头。[20]

杰弗逊雇用短工和奴隶种植自己在佐治亚州的蒙蒂塞洛庄园，尽管我们在这里不能梳理他这样做的原因，但是，我们应该理解他反对有偿劳动和奴隶制的理由（在第一版佐治亚州的《宪法》中，杰弗逊废除了这部分内容），这些理由必然使他成为独立的捍卫者。实际上，短工或奴隶并不能够根据自己的意志行事，所以，他们的责任心、公共意识、自由意识和自治能力都得不到发展。此外，对于雇用他们的种植者来说，他们只顾发展面朝黄土的劳作，破坏了个性的平衡。烟草和棉花种植园主完全站在农民的对立面。

在杰弗逊之前，出于同样的原因，奥尔格索普（Oglethorpe）将军在1730—1750年，成功地在萨瓦纳废除了奴隶制，他的成就使人惊叹。一些农民为了寻找回报较高的工作而前往伦敦，但是他们被解雇之后却身陷囹圄，因此他们陷入了依赖之中，而破除依赖是在萨瓦纳州所实行计划的首要目标。在奥尔格索普看来，耕种土地最大的利益并不是从中获取资源，且与真正的自然紧密联系，而是从中得到被城市、作坊、工厂主夺走的独立。所有美德，包括作为公民性实践基础的那些美德都源于独立这一条件。在萨瓦纳州，居民的需求、唯一的生产力以及生产工具之间保持着一种平衡。萨瓦纳州的居民可以及时寻求别人的帮助，但是只能寻求独立自由人的帮助，因为最终他们将会分得一份土地。奥尔格索普指出，在没有奴隶和农奴的情况下，佃户在进行大规模的劳作时不得不互帮互助，他们因而组成了一个社群，既能保证团结又能维护其组成成员的独立性。如果更进一步，我们还会发现，废除奴隶制不仅是为了保护个人独立的伦理，同时也为了防止过度追求生产力，防止土地集中，其中种植园就是一个典型的例子。

独立种植者保持着道德操守。依靠他人的雇佣劳动者和种植园主、商人和手工加工厂厂主与农民截然不同，杰弗逊和那时其他许多人一样试图限制他们的发展，农民没有对权力的渴求，不懂得收买人心，不被消费所带来的风险影响，因此，农民与奴颜婢膝、阿谀奉承、卑躬屈膝、唯利是图以及腐坏堕落没有任何关系，而这些缺点扼杀了道德的萌芽，为野心家们达到自己的目的提供了途径。[21] 民主的实现途径和目的是"给予每个人他所能监督的工作"，而不是让他控制别人的活动或者将自己委身于某个主人的控制之下。[22] 唯有农民可以维持自身的自由，他们是民主的中流砥柱。

　　奥尔格索普坚定地把自由劳动者放在奴隶和奴隶制拥护者的对立面，并且认为他们应该也具有同样的权利。因此，他抵制种植园，尤其抵制农场。不幸的是，农场最终占据了上风，通过绕开萨瓦纳州法律规定的限制，农场主逐渐获得了超出自己耕种能力的土地，并且加紧了当时收益颇丰的棉花、水稻和靛蓝植物的生产，因为当时这些作物的需求十分旺盛。农场主与城市管理者们势不两立，但是农场主获得了最后的胜利，他们的理由是生产及生产意愿的自由、减少管制、优胜劣汰和积累资本，这套说辞被之后自由主义经济的支持者所利用。18 世纪 90 年代，奴隶制成为佐治亚州殖民经济的支柱。

　　杰弗逊把美国宪法看作可用于所有人个性培养的计划，从这种意义上来说，他们未曾对民众怀有不信任的情绪，而与他同时代的人，尤其是重农主义者们却对民众怀有这种不信任之感。重农主义者关于农业的思想与他们关于经济增长的理论如出一辙。杰弗逊对平民阶层的担忧更少，因为他预感到经济和社会的独立与发展会壮大平民的力量。杰弗逊反对杜邦·德·奈穆尔（Dupont de Nemours）的理由同样也针对许多民主的诋毁者，"我们双方都把民众看作我们挚爱的孩子。你爱他，犹如对待婴儿那般，你不可能信任他，并且把他托付给奶妈。而我爱他，犹如对待成人那般，我心甘情愿并且毫不吝惜地给予他自我管理的机会"。[23] 与当时甚至直到今天仍然广泛流传的一种观念相反的是，杰弗逊不把个人视作生来就具有自我完善和自我实现所必需的所有能力的完善个体，他认为人的自我实现依赖于有利的环境以及特殊的条件。独立是首要条件，政府的鼓励是另外一项条件，公正的土地分配是第三项条件。

如果说杰弗逊是人文主义者，那么他绝不是理想主义者。1770—1780 年，他曾与贾里德·艾略特（Jared Eliot）、乔治·华盛顿（George Washington）和约翰·迪金森（John Dickinson）达成过共识，美国实际存在的种植者德行并不高尚，他们懒惰、贪婪、无知、守旧。尽管他在别处提出的其他一些想法缓和了他的这一论调，但是这一论调丝毫没有削弱这一观点：独立个体农民的社会经济条件最有利于人类德行的发展，即对自由坚定不移的热爱。他认为每个人在与他人和睦共处的同时都能够自我管理，[24]他同样认为，如果没有有利条件，自由以及对自由的渴求都会减弱。体制、法律甚至是更高级的机制危如累卵。

个人是个性化过程中的偶然结果，这一想法与许多静态人类学的思想截然不同。静态人类学把个人视作"自我的拥有者"。在《独立宣言》关于基本权利的内容中，杰弗逊用"追求幸福"代替了"所有权"，政治自由主义哲学代表者约翰·洛克（John Locke）把"所有权"认作是自然权利的基础。[25]洛克把所有权延伸到了生命、财产和自由之上。他曾经写道，当个人联合起来时，他们的目的是"互相保护他们的生命、自由以及财产。我给这些东西赋予一个统称，即所有物。所以当个人团结起来形成一个集体或者是集体受某个政府的领导之时，他们最重要也是最根本的目的就是保护他们的所有物"。[26]这种对所有物内涵的扩展基于以下假设：

个人是属于自己并且拥有自我的产物，因此个人成为"自我"。[27]
反之，如果他失去了自己的能力，并且失去了自己的财产，那么
他就遭到了削弱。

与之形成鲜明对比的是，有些人认为公共权力的运用有益于
个人化，或认为逐步个性化的完成不是依赖于将土地据为己有的
过程，而是保持警醒并进入到个人经验之中，其政治倾向应受到
这种思想的影响。对这些人来说，"自我拥有者"这一概念毫无意
义。不管在理论上还是在实践上，所有的一切都把"自我拥有者"
与公开认同自我实现依赖于环境的个人对立起来，在其得以自我
实现的环境中，每个人都拥有土地一级生产工具，免费的学校、
道路、报纸，并且那些无法生产的人能够得到帮助。

在杰弗逊看来，对自我发展、独立和自由实现方式的创造与
保护意味着无可争议的财产。正是基于这一点，政治体系和法律
才得以确立。杰弗逊把政府的所有权力置于这一任务之下，他甚
至建议，要定期修订他视作基本文件的《宪法》，以便《宪法》能
适应新的环境和新的需求。独立和统治共同组成了道德圈，独立
个体组成的社会使自由民主成为可能（自由民主以民众参与和宪
法为基础），自由民主反过来又保护和保障了独立，二者缺一不可。
独立可以避免那些妨碍个人自由并且损害对他人的尊重的恶习。
民主政府并没有催生这种自由，而是对这种自由进行维持，将自
由置于控制之中，并且为自由的发展创造有利的条件。个体农民
不仅仅是民主的社会经济基础，而且自身的劳作成了民主政治能
量的来源。因此，杰弗逊写道："只要农业占据首要位置，我想我

们的政府在许多个世纪中都将是高尚的政府。只要美国各处存在着可以耕作的小块田地，这种情况就会持续下去。"[28]

杰弗逊并不是高尚农民形象的唯一提出者。自 18 世纪开始，高尚农民的形象就已经在英国萌芽，并在美国殖民时期得到了长足的发展。但从这一时期起，这种形象开始向多样化发展。那些善于描写英国放牧传统和美国田园牧歌景象的作者所作的诗歌和演说，屡屡见诸各式杂志和年历。他们认为，农民的品德单纯、诚实，其行为的庄重纯粹来自乡间生活的轻柔舒缓，以及他们与壮阔的自然图景的直接接触。与他们不同的是，杰弗逊以农民的生活方式为切入点，对农民的条件以及道德进行分析，认为农民的生活方式融合了能动性、耐心、持之以恒以及农艺科学。[29] 乡间生活成了一种恩赐。如果这种构想无益于一种自由自在的生活方式，那么它应该与前者划分并区别开来。民主生态学与浪漫自然主义是相悖的，下一章将仍然论述这一点。

因为杰弗逊是基于行动及其结果进行分析，并不是采用仰望及超经验的视角，所以区分乐观主义与悲观主义，或是区分幼稚与现实主义在这里并不适用——即使杰弗逊赞颂农民生存状况，但他终究是一名精明的政客，而不是温和的梦想家。圣约翰·克雷夫科尔也是如此，他在描绘美国种植者典型肖像的同时，也塑造了一种形象，而美国人始终能在这种形象中找到自己的影子。此外，还有热衷于农业的本杰明·富兰克林，把自己定义为"大多数情况下时间自由"的种植者，拥有一个还算可以并且能带来足够收成的差强人意的农场。[30] 他们的农民形象与他们作为游说者或是经验丰富的政客所表现出来的实用主义并行不悖，这些与土地有着千丝万缕联系的人坚信，个体农民对土地及农场的耕作尽管存在各种不足，但仍是尚未完善的民主最坚实的基础。

甚至连乔治·华盛顿自己也承认，没有什么比农业更能使美利坚合众国的根基得以巩固，因为农业带来了真正的财富，确保了粮食独立，并且促成了良好的社会风气。当这些伟大的开国之父把农业独立作为美国民主的根基之时，出现了一种新的趋势，其显著特征是把农业生产强行纳入资本主义经济的系统之中，这种趋势虽然可以为人所理解，但是对农业的独立构成了威胁。相对于大种植园以及庄园主来说，保护农业以及个体种植者就是巩固"开放社会"的最佳方法，所谓"开放"是指对科学开放、对经验以及人的精神开放、对改革和改良制度开放、对探索和发现开放。他们确信，这种开放的维持不是依赖于收益、贸易以及工业的增长，而是依赖于中等规模的农业开发，这种观点直到最近才被人理解，但是，我们在将来很可能对其会有更透彻的理解。

▶▷　**如何"在土地之上存在"？**

> 农民立足于土地之上，正如先于他而存在的亚当、印第安人、荷马笔下的英雄阿伽门农或阿喀琉斯一样。[31]

在开国之父之后的一个世纪，民主仍然从农田之中汲取着源源不断的财富。自由的支持者，或者更准确地说，那些确信现实中切实的考验才是发展个性的唯一途径的人，仍然对独立农民的形象认知模糊不清。一些考验过于繁重，而另外一些考验则微不足道，或过于短暂。耕种田地是一种适中的考验。克雷夫科尔指出，农民依据自然调整自己的行为，就像一名演员根据另一名演员的表现而决定自己的表演一样。他所采用的是一种"角色扮演"（乔治·赫伯特·米德［George Herbert Mead］曾提出这种表达法）的逻辑，这种角色并不是相对于他人来说，而是相对于土地来说。土地对农民来说，既亲近又陌生，土地为农民带来了最为关乎生命的东西，即食物；同时也带来了束缚力最强的枷锁，即令人不安的忧虑。

在众多以颂扬农民的道德为题材的美国文学作品中，最著名的哲学家爱默生（Emerson）的作品有着特殊的地位。爱默生1858年所写的短文《农耕》像是对自己在康科德农场当农民的亲身经历的评论，其独特之处在于文中显现出来的现实主义以及对实验的重视。诚然，他与阿莫斯·布朗森·奥尔科特（Amos Bronson Alcott）和查尔斯·莱恩（Charles Lane）有着一些相同的浪漫主义思想，二者在1840年成立了一个名叫果园（Fruitland）的激进主义农业团体。该团体倾向于本地产物，且拒绝人工介入。爱默生甚至与当时响应均分田地号召的纳撒尼尔·霍桑（Nathaniel Hawthorne）以及亨利·戴维·梭罗（Henry David Thoreau）有一些相似之处：向往离群索居，用华丽的辞藻赞颂公正性，排斥城市生活，歌颂乡下人强壮而健康的体魄。他们还美化与自然的接触，自然被看作荒野，但是人们认为这种接触会给人带来资源。但这些都不是爱默生最主要的贡献，他对农民在土地上的存在方式的思考才是重点。爱默生没有触及有关自己的出身以及社会地位的问题，而是对有利于形成其民主个性的因素进行了讨论。

文章伊始再现了亚当通过耕种来探索并发展自身人性的形象，"第一位农民即第一个人"。[32] 亚当并不是禁果的食用者，而是存在于土地之上的人，他把对农园的培育与对自我的培训、自然与个性、经济与人文主义结合起来。爱默生指出，个性诚然也可以在农场、树林和田野之外的地方得到发展。城市、工业或是商业的环境同样可以发展人的个性。但是后一种情况会带来一种风险，即个性被置于一种机制之下，而这种机制也可以运用于马戏团里学着用两条后腿走路的狗的身上，通过奖励、惩罚和竞争形成的个性与自由发展形成的个性不可同日而语。爱默生的不少文章都围绕被驯服的人和自由的人之间的差别展开（例如与《农耕》相对应的《论美国学者》一文），但是，这种差别并不是源于人的本性的区别，而是源自教育以及社会生活主要形式的区别。

农民对其耕种土地的审视，为其在经济和社会层面的独立性奠定了基础。日本福冈的农民从老子的思想中得到启发，认为耕种土地并非强迫土地而是协助土地。[33] 在爱默生看来，种植者并不试图将自己的意志强加于土地，并不夺取土地中的果实，不窃取土地的秘密，不把自己任性的要求、难以满足的食欲和贪得无厌的欲望强加于土地。生产食物实际上是在缓和农民自身强烈的诉求。生计所必需的食物不同于强取豪夺而得来的食物，后者之中的商业价值冲淡了劳动的价值。由此产生了一种相互关系，一方面，种植者努力寻求自己的活动与自然时令之间的协调。自然并不是以人的意志为转移，而是给人施加限制，影响着人的脾气和经济。爱默生认识到农业是一项困难且琐碎的工作。害虫、冰雹、风暴、霜冻或者是干旱都有可能造成减收。畜牧经济以及自然诗意的理想化都不在上述影响的范围之列。[34] 另一方面，在熟悉自然"法则"的同时，农民学着尊重自然的法则并且尝试着制定自己生活的规则。农民不仅为自身的存在制定了方圆，除此之外，还发展了自身的智力和知识。因为农民必须全身心地进行观察、阅读和讨论，才能理解这些法则。农民的活动和自然之间的协定绝不是与生俱来或是先天存在的。即便农民与自然和谐共处，但农民并不是自然的一部分。农民的劳动依赖于传承下来的习惯、留存下来的知识、学校的培训以及现场实践（我们会发现自古代以来农业社会的重要性以及农艺条文的重要性），还依赖于农民自身的观察以及农民适应环境后可以观察到的结果。爱默生认为社会欲望的膨胀应伴随创造能力的增加，农业发明与沿袭下来的传统同样重要。

因此，农民应该适应季节的顺序、气候、土壤和收成，就像起风时船帆会弯曲一样，农民是按照自然的节奏而不是按照城市里钟摆的响声进行劳作。农民与时令、植物以及这种看似神秘的变化保持着同样的步调。农民参与到自然当中。农民面对自然就像一个建筑师，只有耐心等待，并且懂得自然的逻辑才能达成目的。"在捕鱼、狩猎和种植的过程中所获取的经验是与自然相处的方式。"不违反自然，不任性而为，也不温顺地服从自然，农民不是在自然之中生活，而是面对着自然生活。农民逐渐获得知识，并且根据这些知识来判定是否做出决定，但是农民并不因此而成为自然的奴仆。农民对自然的给予带有主动性，并不受其支配，是认真而为，而不是完全顺从。"伺候"农民的人不是爱尔兰人或是做苦役的人，而是地质学和化学、空气的运动、溪中的流水、云朵的光辉、虫子留下的痕迹和结冰带来的冻伤。

因此，耕种土地就是改造土地。完全有理由不反对那些带有敬畏之心的改造，而是反对那些未来引发持续不断互动的改造、那些致使土地枯竭、自然毁坏并最终导致人类自身毁灭的改造。爱默生写道，农民用篱笆围起土地，建造围墙、耕作、灌溉、建造沟渠、拓荒，保护着自己种植的作物。在雨水、昆虫和阳光的帮助下，农民引导这片土地为自己工作，即便是农民休息的时候，土地依然在工作。农民改造了气候和土壤，改变了自然的风貌。但是，人们为自然带来变化的同时，自然也向农民施加带有自然特征的变更。农民与其开发的土地构成了共同活动及共享利益的小集体。农民可以在很大程度上改造自然，但是并不因此而变得"傲慢无比"。"农民直接接触的一些重要自然要素只是影响到了自身，并且让他意识到自己所发挥的协助作用。但是这些影响在一定程度上就像自然施加给人的影响，人受到自然的束缚，并且在自然面前百口莫辩。"相反，一旦对土地的培育脱离了个性的发展，被置于统一标准、收益或市场的硬性要求的桎梏之下，那么，生计与生命就分道扬镳了，农业生产就远离了民主生活方式，文明就远离了耕作。

►▷　农园如同教育

通过土地耕作培养个性，这是一个永恒的主题。一些古代时期就出现的恒定观念，如今仍然占据重要的优势。但是，在学校教育中把菜园作为儿童发展的教育工具，却从来没有像今天这样广泛应用，并得到推崇。因为，如今亟待培养一种"生态公民性"，这对人类的未来是不可或缺的重要因素。2014 年，马赛就有三十余所教学农园以及二十多处接纳教学活动的共享农园。

在学校中，农园是一种"体验式教育"。菲利普·梅勒认为，"体验"是整个新教育学派带来的真正贡献。一方面，体验可以排除"类似于摄影"的认知观（学生把一篇讲话印在脑海之中，回家之后进行类似冲洗照片的步骤，在考试的时候他会重现与原始模型最接近的结果）。另一方面，体验排除了自发主义的幻想：我们把五个未成年人集合起来，给予他们模糊的命令，并想象着他们能在几个小时之内重新发现爱因斯坦的广义相对论。[35] 因此，体验处于禁锢教育与放任自流的教育中间，对于进步派来说，体验至关重要。这一流派的理论家众多，如玛丽亚·蒙台梭利（Maria Montessori）、塞莱斯坦·弗雷内（Célestin Freinet）、简·亚当斯（Jane Addams）以及约翰·杜威（John Dewey）。不同于发号施令、将学生安排到某一组织当中、强制给学生施加影响以及像驯兽一样对学生进行教育，或全然相反，主张放任自流或不干预，"体验式教育"能够保证学生个性的自由发展。倘若没有个性的自由发展，公民性及民主组织就像是建在沙堆上的楼房一样。

诚然，农园并不是促进体验式教育的唯一途径。20世纪初，在倡导学生主动参与的实验学校里，旅行、极限运动、野外生存、肢体表演或者是艺术创作都属于经验教育的范畴。

然而，与实践相比，农园从19世纪末就吸引了很多教育家的注意，现今得到了新的举足轻重的认可度。农园的优势，在于将以往关系不大的目的结合起来，如独立、粮食安全、"纯净产品"（重农主义者提出的表达）的增加、融入社会、社交能力的培养以及个人的发展。

农园式教育是新式教育的核心理念：鲁道夫·斯坦纳（Rudolph Steiner，1861—1925）认为，对年幼的学生来说，学校中的老师就像园丁之于自己种植的植物一样。孩子对老师怀有敬意，并且善于观察老师的举动，他们能在教师类似对待植物的方式中学到一种行为方式。玛丽亚·蒙台梭利（1870—1952）也大量运用了诸如此类的类比，她倡导将农园引入校园之中，并且认为农园是一种绝佳的教育方式，因为孩童与自然之间最为初始的联系在农园中得到了尊重。农园像是自然与社会之间的一种媒介。农园的功能类似于玛丽亚·蒙台梭利提出的著名的"孩童之家"的功能，这些"孩童之家"既要足够孤立，以保证其独立性，但又要足够近，以保证父母能听见自己孩子的呼唤。

"体验"到底意味着什么，它为何是一种个性化的手段呢？约翰·杜威在他的教育哲学中用了大量篇幅来回答这个问题，杜威因创办进步学校"杜威学校"及其教育学理论而闻名遐迩。在他看来，体验是人性得以增长的一种条件。提及"体验"，在某一具体行动的过程中，当个人与某些干扰或影响他的事物联系在一起，应对这种情形加以理解。这种行动过程一方面取决于所遇到困扰的性质，另一方面取决于身边客观具体的解决方法。在被动感受到某种情绪与被迫的躁动之间存在一个区域时，那人就感受到了自己行动的限制，并且根据对这种限制的回应来确定自己的行为。在杜威作为创始人之一的实用主义传统中，专有术语"行动计划"、想法、理论或假设用来表示这一倾向。所有的"想法"都建立在对结果的预测之上，都用作行动的蓝图。

　　在大部分情况下，我们一些自然而然的融入性行为的坚实根基，因其规律性（但这并不意味着这些行为是天生的，或是出于本性。就像语言，必须习得。）能够使我们根据自身所处的环境而进行自发的调整。这种调整完全不同于亦步亦趋。我们需要呼吸的空气是可以获取的，土地接纳着我们双脚的步伐，我们能够理解对话者所说的话，调整来源于上述列举的事例。当我们需要所处环境中的某些元素来激发我们身体的某种功能（例如呼吸、饮水、说话、走路、理解等）时，这些元素就会现身。但是，达尔文提出的适应性思想有着确切的含义：个体的功能通过与自然的交互得到演进并得以固定下来。反之亦然，通过运用这些可以得到的资源，个体机能改变着所处的环境。这种改变究竟是有助于未来的交互或毁掉这种未来的机会，对于考量"生态活跃性"以及可持续发展来说，找到这一问题的确切答案至关重要。

　　然而，个人与环境之间缺乏互补系统是不可避免的。各种需求与资源之间的差异、既成的行为相对于预期行为环境的不匹配、理解缺失、难以达成之前预想中的目标，所有这些都是斯宾诺莎称之为"行动力或存在力的衰退"的表现。这会造成"伤感"、个人的萎靡以及生命张力的缺失。在某种行为之后，紧接着是对这种行为的反应。在最坏的情况下，个人的发展遭遇瘫痪，甚至完全停滞。不能将行为与行为影响因素结合起来的个人，是无法发展自己的个性的，而会与那些屈服于同样困难的人沦为同类。

　　个性与"为人"通常混为一谈：个性发展是一个逐步且琐碎的过程，个性是依赖于主体、相对于给定的客体所采取的"主动行为"。这种行为并不非要新颖或具有创造性，好比孩童敲击物体以制造声响、父母面对非自愿而生下的孩子、园丁耕种农园。面对这些情形，感受责任的同时还有一种陌生感。这种主动的回应就是体验。为了同时达到既是回应又是行为的体验，带有不利影响的困扰应该是可识别的，个人的行为应依赖于本身基于情形、判断、本能、自身的切实体会、自身的愿望和想象而做出的评估。这就是个人的特殊贡献之处。面对同一个问题，不同的个体有不同的反应。"回应"并不是行为主义意义上的"反应"。这种回应不是一成不变的，而是被激发的或是被阐释出来的。人的回应是不同的，且是个人的，个人经历了一种"体验"并且由此构筑了个性。情境不能引发任何回应的情况，当然也是存在的，或是因为情境不容易被感知，或是因为这些情境具有破坏性，或是因为这些情境仅能够引发唯一一种反应，就像是在一种巧妙的操纵之下，或是在恐怖政策之下做出的反应。但是在这种情况下，存在对个性有益的体验。一些有害的干扰使生命轨迹中断或者威胁着生命的平衡和节奏，如果面对这些干扰没有主动的回应，个性就不会得到发展，而是停滞不前或日渐衰微。

如此定义的体验与教育融为一体。体验教会了学校中的孩子自由行事以及掌握行为的分寸，而这对学生们发展自己的个性来说是必不可少的。教学方法的实行应该以体验为先导条件而进行设定。进步学校中的教师认为，体验改变了对学生训练的性质，以发现的创新精神代替了作为传统教育根基的反复温习和操练。学生在锻炼中去理解、感知并且制订行动计划，而不是记忆知识和方法。学生们习得的客体不再仅是外界权威规定他们要学习的东西，而是学生调查研究所取得的成果。通过组织自己的亲身经验，通过总结那些改造自身身体和精神的经历，同时根据自己未来的经验来规划新的自我，学生的个性得到了发展。

将农园引入校园之中，完全符合培养"可持续的"个性的计划，即通过这种个性，学生可以持久地进行自我管理和自我发展，并且可以持久地规定他们的存在条件，以保证个人始终站立在时代的潮头。

就个性化而言，农园完全有理由被视作卓越的教育工具。农园的主要特点就在于能够绝对地保证体验式锻炼，并且运用到所有必要的要素，其中首先被运用到的是感知这一要素。玛丽亚·蒙台梭利认为，农园是"感觉器官的推动器"，并且是自由学校中不可或缺的要素。[36] 当孩子们在园中劳作时，他们提高了自己的灵敏性，并且逐渐学着分析他们"感官适应"的结果，这与黑山学院（学生们在学院中种植水果、谷物和蔬菜）教育理念的目标如出一辙。德国画家约瑟夫·亚伯斯（Joseph Albers）训练学生们观察材料的反应以及某些动作与形状之间的关系；美国建筑师巴克敏斯特·富勒（Bukminster Fuller）引导学生体会个人与宇宙之间的联系；美国作曲家约翰·凯奇（John Cage）训练学生聆听声响，自我思考依赖于自我感知以及用于感知的思想。以感觉识别为特色的教育，是一种自由教育派。传统教育学的社会标准以对权威及其准则的顺从为基础，而感官识别教育与传统教育背道而驰。

在玛丽亚·蒙台梭利的学校中，感觉训练是"体验方法"的第一阶段，孩童在学前教育阶段就应该接触这种方法。"体验方法"的第二阶段是观察练习。在农园之中，孩子们可以轻易观察到自己的行为所产生的结果。他们学着在植物生长的土地与其生长速度之间建立联系，观察水、阳光和土壤的作用，感知植物的柔弱与植物之间的互补性。每个学生负责一小块土地，他的日光可以亲吻它，胳膊可以翻动它。直接的观察并不需要任何特殊的技巧。法国教育家弗雷内（Freinet）认为，"实验性的摸索，自然的且普遍的方法"是首要的。在成功与失望交替的过程中，园丁逐渐学着识别感官，并由此逐渐对感官进行控制。

然而，控制并不是对自身进行控制，而是控制主体进行的实验产生的现象。当这些现象被看作独立现象，有时踟蹰不前，但能够被预见，并且在一定程度上可以控制时，个性就会更好地形成。在农园中，主体与客体是联系在一起的。玛丽亚·蒙台梭利认为通过"呵护"活物，人们才有可能观察到生命现象。

观察与呵护之间的联系产生了教学法的关系。成人只有在观察孩子如何表现时才能给予呵护，并且只有认识到了观察与呵护的联系之后才能"培育"孩子。在培育作物的过程中，孩子逐渐意识到了成人对待孩童时酷似亚当的态度，这不仅能促进孩子品德的发展，还能增强他今后作为成人的能力。

玛丽亚·蒙台梭利将农园教育的应用范围拓展到非正常儿童和未成年人身上，为未成年人设计了"教育农场"。通过这种方式，青少年能够使自己安定下来，也就是说，为自己的行为负责，并置身于对他们的行为进行约束同时使之有条不紊的土地之上。人类的土地首先应该是"孩子们的土地"，当土地对农园活动"做出回应"之时，它就是属于人的土地。因此，农园提供了一些需要人付出努力并且机敏应对的活动。农园是一个构建作用的场所。农园体验，其实是通过侍弄花草获得的体验。

农园体验为个性或自身发展提供了另外一种途径，同样具有非常重要的教育意义，即对时间，或更准确地说对时间长短的意识层面，许多教育家很重视这一方面。在土壤里埋下种子之后，孩子们习惯预测并畅想未来，他们并不是试图控制未来，而是考虑到各种现象所需要的时间长短，并且遵循这些时间。玛丽亚·蒙台梭利认为，他们开始学习耐心的品德，并且学着抱有希冀的期待，这是信念和生命哲学的一种形式。随着与种植物和季节建立起来的关联性，他们根据自然的节奏决定自己的活动，并且调整着自己对于时间的领会。因此，他们总是将自己的节奏与自然的节奏更加密切地联系在一起，并且安排着自己的生活。歌德从对农园的爱中看出了一种对"甘愿依赖"的爱，这对任何人来说都是"最好的立场"。对于那些投身农园的人来说，农园构建并调节着他们的生命。园丁不能根据自己的喜好安排活动，他必须依照植物的节奏和需求，并且甘做植物的侍从。

　　通过农园来熟悉时间概念的例子不胜枚举。阿里艾纳（Ariéna）网络在马赛设立了名为"美丽五月"的教育农园，园中有五十余种"环境教育"的设施，是一个培养长久意识的长期计划的场所。孩子们在其中搭建鸟窝，安装集水系统，制造复合肥料等。"农园的使用时间长达数年之久，并且随孩子一同发展。换言之，我们在教育中需要一种长期策略。"[38] 实际上，只有体验持续的时间足够长时，才能够发挥出促使个性化形成的作用。为了介绍"体验"这一概念，在《体验与自然》一书的前言中，杜威邀请读者注意我们自发赋予以下这一表达的含义："这，原来是体验！"体验在"材料用尽之时出现"。换言之，体验带来的是"有着一种消费的，或一种实现了的价值"[39] 的结果。体验达成的是一种完成状态。体验中至关重要的因素以及与之有关的过程已经完成了，体验所达成的结果具有决定性。这并不意味着体验是最终的和封闭的，但是相对于存在的种种以及体验所产生的意识来说，体验是那样特别。审美体验就是这种类型的体验，但是我们通常称之为"一种"的体验也属于这种类型。

　　如果学生播种了却没有收割，整理了土地却没有播种，他的体验就缺失了一部分。学生难以感知到自己行动的结果，在今后的计划中，这些结果既不具有决定性，又不能累积起来。个性的缺乏同样会造成感知的缺乏，以及方向感和意义感的双重缺失。相反，完整的体验是唯一令人满意的体验，完整体验的持续时间随着构成体验事件的时间长短而变化。一些体验的时间很短，如抚摸一匹马的口鼻部；而一些体验可以持续好几年，比如一桩婚姻。体验的节奏和持续时间取决于互动活动的性质，在这些活动中，主体与客体相交互，从而产生感知。[40] 体验内容与体验时间相一致可以使青少年，尤其是玛丽亚·蒙台梭利侧重研究的未成年人，写进"历史"。体验调动了外部的客体，这些客体的存在方式和持续时间逐步适应人的节奏和关切，因此是特定的。梅里约把珀西瓦尔构想为教育的典范，梅里约写道，"教育的典范不存在于冲动及强势的不成形的状态之中。教育典范通过人的设定而定义并展现出来，这样教育才可以成形。所以，当玛丽亚·蒙台梭利提及有必要将未成年同时纳入人类历史和他们自身的历史时，我是很赞同的"。[41]

在农园中还有另一个有关个性化的重要的工具，即达标的参与质量。对于个体来说，只有体验是他自己的体验时，才能真正算作体验。对体验来讲，并不存在委托一说。除非体验本身附带一份足够准确和清晰的说明，才能被识别和复制，他人的体验没有任何教育价值。正如法国社会学家加布里埃尔·塔尔德（Gabriel Tarde）所说，如果要进行模仿，前提不仅是他人体验的实现机制完全可用，而且模仿者至少在一定程度上创造出属于自己的方法。模仿从来不是纯粹的，总有一些发现的成分掺杂在模仿之中。[42]

　　体验的教育价值在于体验是"我的"体验。在这里，体验客体与经历体验之间的区别作用很大：这种区别可以把体验视作一种全面调动个体的活动，而且每次都以一种前所未有的方式使之与个体发生关联。体验的增长之所以带来个性的发展，是因为体验带来了自我实现的新机会，比如身体素质的提高，或是新的主观化形式。然而，农园本身就是体验的一种，并且可以使体验永久存在。体验不局限于传统体验主义论的被动接受，体验对客体进行着创新，并且具有可塑性，可以根据参与进来的不同客体而改变。因此，玛丽亚·蒙台梭利坚持认为，农园中所展现的自我教育质量高于其他所有活动。当孩子们注意到没有浇灌的植物枯萎了，便开始感到自己投入到了一项任务之中。这种召唤并非来自他们的家长或是教师，而是来自"自然之音"。"在孩子与他所培育的生物之间形成一种神秘的联系，孩子不用老师的耳提面命就能完成某些特定的行为，换言之，这种联系促使孩子进行自我教育。"

　　许多人认为，应该在幼儿园、小学或是初中设立教育农园，一个常见的理由就是在园中劳作可以教会孩子们"尊重"环境。这种表述并不完全准确。农园是一种体验。相对于对既有事物的尊重，农园的特征更注重营造种植者和专门用作农园土地的共同的美好未来。孩童并不是面对他需要尊重的客体，而是在操纵的过程中与客体有着紧密的联系，且因为这一过程可以生产供消费的物品，所以孩子在这个过程中既是被动的一方，又是主动的一方。这些观点与杜威对体验的定义如出一辙，如果一种体验可以创造一种情景，那么就可以称之为体验。这里所说的"情景"指个人与环境之间一种持续并且平衡的解决方法。所以，尊重属于观察的范畴，而体验却属于参与的范畴。

参与对于民主生活方式的重要性不言而喻，而农园教育则处处体现着参与。比如，在阿里艾纳网络组建的教育农园之中，孩子们耕种属于自己的那一小块田地。除此之外，他们广泛地参与到教学法的选择、项目的制定以及集体活动的组织当中。如果个人仅参与外部行动计划的制定，那么他很难有一种全局观念，是对最初的选择以及规划的整合促使个人构想自身行为之间的关联，之后通过方法／目的，或是观察／实验的联系来触发这些行为。因此，阿里艾纳网络提倡从教育农园项目创立之初，就让孩子们参与进来，包括申请津贴、选择农园的位置以及种植的植物，乃至农园的布置。采纳孩子们对于农园的整体构想并且考虑到他们的想法，是建设教育农园必不可少的一步。在农园中，孩子们可以选择自己的一小块地以及希望种植的作物品种。在南郡的自然之家中，土地被划分成许多一平方米的小块，而在利摩日，土地则被划分成方形，这些方形的土地还可以再细分。[43] 就像几个工人或一个家庭负责的农园一样，每一块土地由一个孩子或至多两个孩子负责，选定土地之后要给这块地起名。当他们知道在阿尔萨斯人们不种植菠萝或香蕉，而且不同的作物有不同的生长期之后，就会选择喜欢的植物轮作。他们同样参与共同规则的拟定、耕作时间表的制定以及集体农园所必需的生活经费的分摊。

农园中的"持续性"是个性发展的决定性因素。这种持续性不仅是时间概念上的持续，而且同时存在于社会、认知和心理层面。教育学家强调活动要素是持续性中十分重要的一个因素，而玛丽亚·蒙台梭利对这一要素早有涉及农园强健了人的体魄，并且使人的精神得到升华，智力和观察力也得到提升。农园激活了"灵魂和肉体"之间的关联。如果不对感官进行训练，现象就会艰涩难懂，孩子们也不知晓观察何物。菲利普·梅里约（Philippe Mérieu）认为，在这种情况下孩子不懂得欣赏。他认为职业教育与审美体验的相辅相成十分重要。同样，玛丽亚·蒙台梭利认为，农园促进了实验感官的发展，同时在审美方面拉近了学生与自然、自然之面貌以及自然之节奏的距离。

持续性最初在自然与耕种之间建立起来。农园是孩子所处的自然，是家庭和社会群体的缓冲地带。玛丽亚·蒙台梭利把教育农园看作是一个过渡阶段，孩子可以投身于学校教育的环境，而免受从家庭之中"被连根拔出"的苦难。她那著名的"儿童之家"配有教育农园，这是自然与文化的交汇点。在仔细研究了伊塔尔（Itard）医生提供的"阿韦龙野孩"的案例之后，她总结道，不应该放弃自然，应该培育自然。"使儿童的头脑接触创造，这对儿童的精神生活来说是必要的，只有这样，他才能从鲜活的自然中直接获得具有教育意义的财富，积累并形成自己的宝库。而达成这一效果的途径，就是让儿童进行农业劳作，指导他耕种植物、照料动物，并以此为基础引导他理智地敬畏自然。"在农园中劳作为自然赋予了重要的教育角色，同时使社会生活和自然生活共生共存。"儿童跟随自然而发展，自然的发展其实就是人类的发展，儿童的演进与人类的演进在同一轨迹上协调发展。"

按照人的自然发展来组织社会生活，是衡量社会公正的决定性准则。农业生态教育家一致认为农园是社会心理的累计器，并对此加以重视，即使在最初研究之时农园仅像单个个体与待耕种的一平方米土地之间的简单互动。因此，不论是耕种的自然还是自然的耕种，二者并没有什么分别。

持续性还包含另外一个具有决定性的因素，即打破不同学科之间的界限。在把土地划分为大小均等的小块时，要调用数学和几何知识，施肥时要运用化学知识，分析土壤性质时要运用地质学知识，促使植物萌芽和进行扦插时要运用植物学和植物生物学的知识。学生掌握了与种植工具或方法相关的技术概念，例如球茎、根、胚芽、插穗等。最后，他们通过除草、栽种、播种和插秧提高了身体机能的灵活性。

农园体验教育使学生具备了把自己的所学和所会进行归类并梳理的能力，而不是使他成为传统学科知识外来分类的接收者。这并非抹杀观点的多元性，而是通过实践的方法使学生树立自己的观念。这种考虑孕育了"项目教学法"，使之与民主学校目的的契合达到了顶点。教育农园自始至终都是完全忽视纪律的，其重点在于学生本身以及对学生自身聪明才智的发掘，侧重学生与引导他的老师之间的交流，侧重跨学科的教育方法。农园是自由行为的助推器，并且是一剂温和的解药。它提供了广阔的行动天地，而并非像传统一样召唤秩序，学生可以根据自己的意志，以及在观察活动中对自己的植物和土地所付出的"关照"来组织这片天地。教育农园与民主生态的联系同样具有这种性质，通过时间、体验、参与和持续性，教育农园带来了对自然相互依赖的理解，这种相互依赖涉及每一个人，不管他是在学校里读书，还是在自然中学习。

2. 共享农园：民主社会性的试验田

如果面朝黄土是一种可以使人自我实现的活动，那么面对他人则构成了这一活动的另一面。独立个性的发展需要一定的社会条件，如团结、传承、共享、合作或是均等分工。不管是什么形式的共享农园，都是提供这些条件的最佳场所。无论在什么时代或是什么地点，所有的共享农园都具有鲜明的特质，都可以把集体、社会、个人和个体紧密地联系起来。共享农园是一片或多或少较为广阔的土地，大到可以覆盖一个区域甚至一个国家，小到可以被划分成块分给一个家庭，乃至分给个人。就像俄罗斯的小块土地，或是市镇学校里的一平方米土地，这些农园大多被平均分配，面积依据农园所处的位置和所在的时代而不同，一旦确定之后不可增多或减少。共有的土地（小块地、"分配的地产"、小片地、一份地）是可供使用的土地数量、个人需求、个人耕种技术和体力以及与他人关系权衡的结果。套用沃尔泽（Walzer）

的术语来说，这种体系是一种"突出的普遍真理"。"突出的普遍真理"不同于"超体验性真理"："超体验性真理"要求起因的存在，所有的情形都是这种起因的结果；而"突出的普遍真理"仅表示我们发现这种真理存在于世界各地，无处不在，且数量惊人，尽管这种真理依据不同的地点、时代、环境或受众文化而呈现出多变且独特的形式。

当农园被当作成功的社会化范例时，我们便以这种体系为背景。于是，不同形式的共享农园便浮现在我们的脑海之中，如早期的协作农园、法国庇卡底地区用作蔬菜种植的沼泽、旧制度[1]下的公社体制、修道士的农园、共享农园、家庭农园、城市中的农园、农业社区、法国工人农园、英国的社区农园、德国的市民农园或是集体农场以及瑞士的种植园。

但是，此处所涉及的社会品质和社会化的类型并不存在于以前或是现今的农园之中，而是在于别处。就像斯坦贝克（Steinbeck）的著作《愤怒的葡萄》第一章中所描绘的那样，在使用拖拉机以及农业的工业化生产到来之前，农业劳作依赖于互帮互助和团结协作，需要将生产资料、技术和知识集中起来使用，并且依赖于多种形式的民主自治。在共享农园中，获得的体验为个人和集体的组合提供了范例，这一范例是在特殊情况下形成的且分布广泛。但奇怪的是，对该范例的研究甚少。

这些微型的农业社会有着两个共同的标志性特征：其一，形

---

[1]　法国大革命之后的两个世纪。——译注

成了一种坚持以人为本的组织。当然，收益、互相保护、物质的安全、收成或任何其他外部因素都在其中起到了一定的作用，但是绝对不会占据主导位置。正如个人知识通过自身的体验发挥作用那样，"好社会"依赖于特有的社会体验，即关于社交的体验，而追求"好社会"是农业"小型共和国"形成的历史基础。齐美尔（Simmel）认为，社交性是一种"纯粹的社会行为"：因为社会为自身而存在，为社会产生的利益和所提供的乐趣而存在，因此是纯粹的。[1] 在不经意间，社交性实现了政治民主在政治和司法方面的所有原则和准则。例如，那些现在拥有私人农园的人却往往更喜欢照料他们所在地区的公共农园。他们在共享农园中参与各种交流活动的同时享受着陪伴，而陪伴是基于自由联合原则的公民社会之基础。

加布里埃尔·塔尔德（Gabriel Tarde）发现，普通的对话并不构成已存在重要因素上的一个层面，普通对话转变着与之相伴的每一个活动。以共同农业劳动为主导的小型农业社会依赖于人与人之间的相互交流，这些交流使得每一项活动的对话都增添了趣味。在赫伯特·马尔库塞（Herbert Marcuse）的术语中，小型农业社会经济中的人并不仅限于市场经济生产者和消费者的双重角色，而是有创造性的人、自由的人，也包括在经济活动中的自由。[2]

其二，使我们感兴趣的民主农业社会绝不是具有排外性质的集体，绝不会强制要求成员对这一团体表现出忠诚，强制他们收敛自己的个性或者要求他们做到整齐划一。相反，在民主农业社会中的社交性鼓励个性的发展。个人的能动性与独立是参与其中必不可少的要素。个人与其耕作土地之间的互动，并不会导致个人主义或是与之完全相反的集体主义。这种互动催生了有利于共同生活，同时又不抹杀每个人的个性的团体形式。

▶▷　告别农业乌托邦

是什么距离将体验与社会乌托邦分隔开来呢？体验有多么重要，社会乌托邦就有多么无用和危险。尽管乌托邦同样相信共同生存之道源于农业劳作，并以此作为存在的基础，但乌托邦实则是产生民主和民主生态思想的障碍。与民主生活形式相伴而生的还有两种截然相反的农业乌托邦：第一种带有家长主义和唯理性色彩，第二种表现出浪漫主义视角并假以探求公正性为借口。因此，我们在社会层面面临一种抉择——关于个体的个性。这种抉择一方面是善于盘算、追求物质并且自视甚高的农民，另一方面是健康、质朴并且按照自然的步调生活的农民。

一些农业形式只存在于乌托邦的构想之中，另一些则付诸具体的实践。有缺陷的形式如此之多，只能选取其中的几个案例进行说明。不管这些案例地位怎样，都曾是并且仍旧是某种灵感的来源。在 18 世纪和 19 世纪的法国，已出现为数不少的农业形式，而且催生了最为强烈的"空想社会主义",[3] 如博纳维尔（Bonneville）的土地社会主义、库尔·德·杰柏林（Court de Gébelin）的《原始世界》、海迪夫·德·拉·布列通（Restif de La Bretonne）的集体农场、朗克利（Lamcry）和勒米尔（Lemire）

教士提出的土地主义、傅立叶设想的法伦斯泰尔（phalanstère）等。

19 世纪是家长主义的黄金时代。夏尔·傅立叶于 1822 年著有《论家务农业协作社》，他是家长主义的典型代表。傅立叶并不推崇道德生活，尤其对雅克·德利尔（Jacques Delille）在 1800 年的《田中之人或农事之人》中竭力推广的"田园之爱的美好主义"[4]感到不屑，在傅立叶的理论中，工作（或工业）的效率以及人类行为的合理化是最重要的。在他看来，农业是一种有用的并且带来收益的活动，农业可以调和工厂中劳作的繁重与荒诞，确保积累真正的财富，并且推动形成具有广泛性的社会单元。由"和谐者"（Harmonien）组成的农业社会是一种优良集体主义的典型范例。一方面，这种农业社会得益于只有农业生产才能带来的安全感；另一方面，这种社会形态使得其中的个体服从于总体的秩序，而该秩序可以重新架构个体的行为并且优化其互补性。最后，这种社会可以控制私人的工业主义、工作重压、自由主义和资本主义所释放出的个人激情。特别是，傅立叶把农业作为他的法伦斯泰尔中团体治理的核心任务，他倡导农业生产的组织应通过任务的分配效仿工业劳动的组织。

傅立叶的动机既有经济方面的，又有社会方面的：为了提高生产力并且使农产品的产量增加到原来的 3 倍，每个人都要从事专业生产。在理想状态下，工作划分应该达到极为精细的程度，应该有"卷心菜种植者""萝卜种植者"和"樱桃种植者"。[5]此外，农业劳作划分可以通过"一系列的组织"分化人的热情，预防热情的"饱和"，并且催生一种易于让人亲近，尤其是促成婚姻的团体。

傅立叶想要赋予植物的自由比他给予人类的自由更加完整和严密。他有关"添加谷物"或"合成谷物"的要求，保护了作物的多样性并且赋予了植物选择生长地点的主动性。植物在被种植的土地上让自己的根和枝丫生长，并且朝着更适合它们的方向生长。"作物的每一根枝条都努力地长出分支。居所旁边的花圃和菜园向四处伸展着作物的枝丫。"在这种肆意生长的状态下，围墙和篱笆都不复存在。植物的"联姻"带来了组织的结合以及夫妻的婚姻。[6]

尽管这些主张的侧重之处有所不同，工人农园的要义反映了类似的关切，这些关切对于民主社会性的发展不甚有益。工人农圃由菲利斯·埃尔维厄（Félicie Hervieu）及沃尔派特（Volpette）神父首先创立，并在1896年由勒米尔建立，勒米尔是一位民主人士，且是法国北部的议员，他创建了法国联盟（Ligue Française）。工人农圃的创立反映出在道德、精神及物质方面对于效率的追求。[7]"土地主义"是基督教民主的基石，也是其党派的基础，他们希望能够调动当时2600万农村人口支持其政治计划。[8]最初，这些农圃的面积在100—200平方米，并且之后也维持在这种规模。这些农圃首先是社会主义的支持者建造的。对于试图抵抗瓦解共和国的工业资本主义来说，他们深信加强共和国所必要的价值观念至关重要。1865年，农园设计师爱德华·安德烈（Edouard André）认为，农园是一件有益处的事，是一种能促进道德和卫生的元素，并且为工人得到休息以保持健康的体魄提供了一种途径。

工人农圃的设计初衷绝不是把它作为寻求解放、获得自由和独立的一种方式，工人农圃的创建属于号称合理的甚至是科学的社会发展规划的一部分，并且旨在从心理上、道德上和智力上重塑工人。他们在机器的重压之下耗尽了满腔热血，得不到全面的发展，酒精和重复的劳作使他们变得愚笨，令人作呕的热气毒害着他们的身体。工人农圃对健康的关注构成了一种充满人文主义激情的政策，一种体现着傅立叶以及家长主义的大资本家构想的社会机制。美国的伯尔曼（Pullman）和洛克菲勒（Rockefeller）注重工人的健康和身心平衡，这其实是为了保证工人每日都能够充满活力地面对工作，并且对工厂的利益践行承诺，而并非出于慈善之心。

后来，伴随优生主义而出现的对卫生的考量也体现出道德的印记。勒米尔修士认为，拥有土地及家园是建立家庭自然而神圣的基础，而工人农圃对于在此基础之上建立家庭是有益处的。[10]他在《法国联盟章程》中写道："土地是手段，家庭才是目标。"相较于作为人类社会基础单位的家庭来说，个人自由和民主特有的社会性显得无足轻重。工人在城市中、在工厂里、在他们下班之后蜂拥而至的小酒馆中沾染上了不良嗜好，但是得益于农园，他们的道德情操得到提升，抵消了不良嗜好的影响。"灵魂之花"就是要尊敬他人、眷恋故土和热爱国家，这朵花就像"花圃之花"一样绽放了！[11]

工人农圃的存在是为了重构健康的生活和道德秩序，后者是躁动、纷争和孤独的解药，同时也是为了保持社会的安定。一旦置身于田埂之间，作为农民的工人便忘记了政治，他们不再关心工会，不再理会那些挑起麻烦的人。在农圃中劳作的同时，他们避开了肤浅、纵欲、过度的想象和对政治的狂热。工人农圃与完全适应自然世界的人文精神结合在一起，促进并确保着价值观念，这些观念中有关家庭和国家的占了绝大多数。工人农圃实际有严格的规章，根据《法国联盟章程》，在结婚三年之后还没有孩子的夫妻即丧失拥有土地的权利，他们不能在工人农圃中种植野生作物，不能搭建屋棚，不能烧烤，有时周日劳作也是不被允许的，甚至不能自由选择作物和种子。维尔莫兰（Vilmorin）就是其中之一！

▶▷　**与民族的颓败和传统做斗争**

如果说一方面存在小型社会形式的新生团体，紧紧地围绕着有效的社会价值观，如家庭、收益、辛劳、健康及其他；那么另一方面还存在初始形态的团体，它们应是人类回归本性的真正故土。正如新生团体一样，与初始团体相关联的词汇甚少，不论是有关重建的词汇还是"可靠性"的词汇。[12] 一些基督教民主人士身上存在着某种契合点，他们倡导重新回归自然，因为他们憎恶城市。在他们的眼中，城市如一个旋涡，其中的所有人都忍受着肉体和精神的摧残。[13] 法国联盟所设计的工人农圃为城市中的居民提供了理想家庭的替代场所：供人居住、给人庇佑、得以休憩的一方田地。

　　与民主协会最为对立的乡村团体的概念是在德国发展起来的，特别是"保守革命"的一些思潮，如民族主义运动（völkisch）、生活改革运动（lebensreform），以及极右翼的民族主义运动。乡村团体所围绕的中心主题是"扎根乡土"。民族主义思潮出现于19世纪下半叶，旨在反对自由主义、工业、城市以及科学。该思潮的倡导者们之间并无联系，始终处于无休止的运动之中，四海为家并且唯利是图。[14] 他们从秘术、种族主义及反犹太人主义的理论、浪漫主义的某些方面，或是异教中汲取灵感。民主主义运动是有组织的社会集体：数千年的依赖，群组的成员隶属于植根自然的团体，所有的成员构成了不可见的全部，形成了一个共生的单位。"民众"转而寻求纯粹日耳曼式带有神话色彩的过往，那实则是农耕世界：对村民来说，祖先遗存下来的土地就像是一个民族的血脉，这样的土地是适合作物萌芽的沃土。《未来之城》的作者特奥多尔·弗里奇（Theodor Fritsch）认为，避免"民族衰落"和"民生凋敝"的唯一方法，就是"让乡村之血液重新赋予民族生机"。[15]

　　此后，重归自然、扎根乡土、视土地为集体身份的来源，把大地作为母亲（众神之母盖亚）或孕育生命的母体，这些思想常见于罗森堡（Rosenberg）、希姆莱（Himmler）以及达雷（Darré）的思想中。达雷是希特勒执政时期德国粮食及农业部部长，1933年，他宣称血液和土地联盟的基本法则是纳粹新国家意识形态的支柱。[16] 存在于扎根乡土对立面的是为人所不齿的游牧主义，寄生主义便以此为根：游牧民族凶残且懒散，无所牵挂，所经之地被他们席卷一空。扎根乡土者恰恰与之相反，他们有责任心、积极主动、具有浓厚的团体意识，是耕作的创造者——其中既有对土地的耕作，也有对精神的耕作。

　　在纯粹的纳粹主义出现之前，北欧民族的农民被认为组成了最为古老并且最为牢靠的社会群组，他们同时确保与耕地（Scholle）和故乡（Heimat）的联系，故乡一词表达一种对于我们所源自土地的真切眷恋。故乡是特殊的所在，故土造就并且折射着在这片土地上生存的人的灵魂，且把他们聚集在由个体组成并被我们称之为民众（Volk）团体而组成的共生体之中。[17]20 世纪初至 30 年代的保守主义者和极右翼知识分子，把自然理想化了并且鼓吹畜牧经济，在他们看来，故土能够阻止衰落并且为人们提供一个庇护场所，抵御饥饿，扼制城市所带来的威胁，防止种族以及传统的衰退。一个社会及种族没落的国家所具有的能够实现救赎的唯一希望就在于土地，奥斯卡·斯宾格勒（Oscar Spengler）的文章以及弗里奇的文章便印证了这一观点，弗里奇曾在《未来之城》中写道："农民好似岩石，面对工人与日渐强大的社会民主的瓦解，是抵御这种情况的最后一道壁垒。"[18]

　　弗里奇认为，"国家力量及健康的真正来源存在于农业及农村生活之中"。[19]他于 1910 年创建了名为"家园"（Heimland）的乡村团体，并且只对雅利安族的个人开放。1920 年狂热的德国民族主义支持者理查德·翁格维特（Richard Ungewitter）创建了另一个名为"太发尔"（Tefal）的种族主义农业集体。该集体的作用是通过选择或者优生促使土地丰产、人口兴旺。对于一个种族来说，回归土地具有极端的必要性："1926 年，在长篇小说《没有空间的民众》中，汉斯·格林（Hans Grimm）成功地在公众的思想中传播了这样的观点，即应该拓展被诸多和平条约蚕食掉的德意志民族的生存空间。一些民族主义思想家从反面理解了这种展望，并且认为德国的向东扩展会促使德国成为没有民众的空间，也就是说，是斯拉夫的劳动力而非德国的劳动者开垦了广阔的农业用地。"[20]

关于扎根故土，不得不提海德格尔关于这一主题的论述。他认为扎根乡土是农民本性中最为重要的品质。总体来说，农民和农村是与往昔紧密关联的。农民看守着自己储藏的粮食，就像是自然保管着自己的储藏物一样，因此农民是自然的一部分。与我们绝对肤浅的农耕时代相反的是，海德格尔提议"前瞻未来的同时，更要把目光转向过去"，[21]从而重新发现农民的"简单生活"，自我更新的土地、耕地以及健康、民众、祖国和真理。

梵高画过一幅表现"鞋子"的画，这双鞋子绝不可能是农民的鞋子，而是画家自己的，但是海德格尔对这幅画所做的评论，却定下了这幅画是农民鞋子的基调。[22]他宣称本着客观性的原则对画作进行描述，并且没有考虑画家的表现手法，把对自己无迹可循的怅然若失投射到这幅画作之中：农民与所耕种土地的紧密结合，耕地的重要性，耕作劳动所具有的神圣特征，遍布田埂上的迟缓却又坚韧的脚印，黏腻而又潮湿的土地无声的召唤，谷物成熟时土地心照不宣的暗示，同时还有对于食物是否富足的隐隐担忧和重新满足口腹之需后难以描绘的欣喜。[23] 以上种种都显现了人类与自然之间完美的结合和适应。此种想象中的描述, 不包含农民与耕地之间任何互动的因素。一方面, 土地给予人无声的期许, 另一方面, 农民总是默默期待。农民属于土地, 或农民紧紧依附于土地的本色, 正是产生于这两种缄默姿态的相遇之中。德里达 (Derrida) 一语中的地评价道, "在这幅画中, 所有描画这双散着鞋带的鞋子的线条, 以及那些框定画面界限的线条, 都因为可靠及相互信任的归属以及与土地的亲密相处而消失不见"。[24]

农民的生存条件属于同一性质: 因为农民在繁重的劳动中倾注了血汗和泪水, 农民已经融入土地之中, 并且也在自我之中掺入了土地, 土地成了农民的一部分。民众以土地作为表达思想情感的中介, 如果没有这一中介, 便不可能有完美的人类社会。对于人们曾经认为可能不正确的农艺体验和对作物的照料, 海德格尔确信那是神圣的事。在海德格尔看来, 梵高画作所揭示的真理不是农民的生存条件, 而是 "农产品的真理", 抑或是 "农产品作为产物的所在"。

上述评论使以宗教和神话为灵感的生态来源与民主生态来源之间的对比更加鲜明。人们原本的理想是建立一种与环境之间的特有关系, 但是取而代之的是建立在一种自然团体之中的密切融合。[25] 相较于以自由联合与个人之间合作为基础的社会制度, 取而代之的是成员之间相互依存的、亲如手足般的团体发展, 究其原因, 是团体成员之间任务分工互为补充, 抑或是只有通过他们与自然和土地的结合, 才能够寻得自己的身份。

▶▷　站在体验对立面的乌托邦：集体农庄和工人农圃的真实历史

直至今天，一些政治生态运动仍旧从这些范例及空想中获得灵感，但又想摆脱其影响以求依靠绝对民主的生态谋求进步。但是相对于合作和团体农业体验来说，这些范例和空想却无足轻重，尽管后者是以前者为基础发展起来的。在许多情况下，体验发生于范例和空想之前，当它在其中汲取灵感的同时也改造了它们，使之持久并令人满意。

其中一个例子是斯大林从 1918 年开始集中力量建立的苏联集体农庄。其基本准则规定，集体农庄是农民为进行共同生产自由联合组成的农业合作社，集体农庄依据社会主义自治、民主和开放的原则进行管理，以成员对于内部各层面管理的积极参与为基础。实际上，这种体系的灵感来源于早先的合作农庄，如传统的"米尔"[1]（mir）及 1918 年以来的 TOZ（一种集体土地耕种协会），该体系从未允许任何程度的民主。以一种形式上进行完全集体化的理想将包括房屋在内的一切公有化，其最终结果是对个人进行剥夺，甚至使之失去自身的个性。由于缺少适当的通行证，直至1969 年，农庄内的成员及其孩子仍不享有离开农庄前往城市的权利。农庄的最低产量由区负责人规定，农民的任务依据在工厂中

---

[1]　沙俄时期农村中的村社组织。——译注

盛行的生产本位逻辑全权决定。[26] 在一些情况下，官方强制农民接受有关补给的规定，并且迫使他们交出自己的余粮。

在老挝及越南也存在同样的情况。包括作物选择、成员的流动和加入、内部治理、负责人及代表的选举、报酬及工作节奏，合作社的各个方面都由政府来决定。政府进行管理的情况也曾出现在纳粹德国，空想理论家理查德·沃尔特·达雷建立了农业行会，在他的倡导下，自 1933 年开始，农产品的数量及质量以及价格由政府根据区域来确定，农民如果上交了预先规定数量的粮食便可以获得报酬。农场的管理由国家进行控制，这剥夺了农民所有的自主性，尽管他们仍是农庄的所有人，却被转变成了具有服从义务的公务人员。尽管德意志第三帝国将农民作为国家共同体的基石，但是却否定了构成农民身份的一切元素。在伊恩·克肖（Ian Kershaw）看来，自 1934 年开始，农民开始消极抵抗，拒绝交出应该上缴的农产品（尤其是黄油），在选举中采用弃权手段，并且抵制收获时纳粹的庆祝活动，成为德意志第三帝国中最难管理的平民。[27] 除此之外，致力于实现生产本位并带有强权色彩的农业改革带来了灾难性的后果，其结果仅为强制性劳动以及邻国经济的入侵。

苏联的情况与之相类似，乌托邦式的集体农庄一味地追求规模的庞大，最终沦为集体生产和农业工业化的工具，造成了严重的生态影响，且效益极差。[28] 集体农庄强制个人加入，对个人的剥削力度极大，上述两种做法最适用于生产本位计划。"归根结底，集体农庄的巨大规模保证了集体生产，其基础是通过劳动的电气化和机械化获得高产量。"[29]

然而在通常情况下，一位集体农庄的成员拥有一块平均面积为 40 英亩的个人土地和几只动物。斯大林去世时，苏联近 1/3 的农产品来自私人领域，参与私人农业生产活动的人数超过总人口的一半。1938 年，3.9% 的私有耕地生产的粮食占粮食总产量的21.5%。[30] 1956 年开始的自由化只是把一种已经存在的现象，即苏维埃革命之后存在的私有土地现象正式确立下来。集体农庄市场很早就开始全面运行，私有的小块土地带来了额外的收入、新鲜的蔬菜、自由的气息以及某种程度上的粮食独立。集体农庄市场如此兴盛不仅得益于自由农民的活力，还因为对集体农庄的掠夺，农庄中的燃料、工具、种子甚至有时连动物和农产品都被大量转移了。因此，集体农庄的体制显然沦为私下为自由的土地提供粮食的有效工具，而绝非农产品集约和工业生产的有效途径！

在同一时期的波兰或南斯拉夫，这种消极的、低下的和非正式的抵抗运动发展起来，类似于静坐示威。同样的情况也出现在老挝的农民中间，该国的农业生产集体化因此以失败告终。[31] 使农民顺从于强制性的集体化体系带来了倦息、消极抵抗，如果农民仍持有小块土地还会造成合作社的失窃，此外，还造成了民不聊生及饿殍遍野。在老挝，集体化只维持了不到一年的时间，在这之后，1979 年，迫于大规模的农民反抗和消极抵制，老挝共产主义政府做出了让步并且重新恢复了自有土地。总体看来，如果世界上有某一部分民众持久地、广泛地并且有效地反对政府的专制以及经济向生产本位的转变，这部分民众不是资产阶级也不是工人，而是农民。

在苏联，自有地曾一度被禁止而后又快速被允许，它与集体生产结构组成了一种共生体。然而，这种自有地的私有程度并不及个人土地。波兰斯基（Poljanskij）支持社会主义经济的同时又十分现实，他曾经使用过"辅助个人经济"这一提法，在当时的情形下这一提法十分贴切。种植者虽然不是土地的所有人，但是可以从中获取收益，农业生产资料、燃料、种子及市场均为共有，并且可以按照顺序使用。这种生产结构与传统的自有地以及一直以来广为人们所共有的农业用地，形成于同一时期。甚至在农奴时代之前，农民就已经作为类似合作社的团体中的成员，就像在米尔中一样。合作社保有耕地的享有权，并且将耕地依据土质、距离村子的远近以及家庭的人数和规模划分为小块。每个家庭享有一块自己负责的自有地，但并不为私人所有。同样，在1861年终结农奴制的同时，亚历山大二世没有把土地转交给农民，而是转交给了农村团体。[32]农村团体由乡政府领导，家庭的负责人组成公社大会参与到乡政府中，通过投票选举出长官并对其所做出的决定进行表决。这是一种古老而朴素的农民民主形式，后来，一些苏联人认为这是农民社会主义的初级形式，并且可能是更加深刻的社会主义变革的基础。[33]然而，这种形式并没有真正地通向集体化，而是在一小块土地上停滞不前，不过，人们却从这一小块土地中找到了真正前进的动力。[34]从那以后，人们注意到了居所和小块土地之间在劳动实践层面和心理层面的紧密联系，并且承认保持这种联系的重要性，这种联系是个人农业的主要优点之一。[35]

　　归根结底，产生于俄国革命之前并且至今仍然存在的个人小块土地，比集体农庄、国营农场、富农农场、合作社和其他合作社都更具俄国特色。城市居民持有的小块土地规模持续增加更是为其增添了俄国特色：在 1996 年，65% 的莫斯科家庭在城市中进行农业劳作，这一比例在外省的城市居民中为 80%。到了 2008 年，2000—2500 万户俄罗斯城市家庭拥有一块可以种植果蔬的土地，这一比例在约一亿四百万城市居民中占到 52%—65%。在这 2000—2500 万户的小片土地之中，约有 2100 万位于乡间宅邸的共享菜园中。俄罗斯的城市家庭种植不只是本国农业，也是世界城市农业中的重要组成部分。[36]

　　尽管只依靠小块土地远不能保障种植者免受饥馑，但是在其间劳作可以增加收入，收获新鲜的农产品，得到别人的陪伴并且获得劳作带来的满足感，它还扮演着一种帮助适应强权、贫困和危机的角色。在俄罗斯，这是最为自由、最受人喜爱、最多产、最自然或是最生态的体系。[37]在小块土地中，不仅有种植土豆并且收获山菌的老妪，还有种植专供买卖的黄瓜地块（尽管这些黄瓜种植地块的面积不超过 20 英亩）。其间还包括几个世纪以来在世代相传的乡间第二住宅的小块土地上，进行带有休闲性质的和劳动性质的活动。这些不同形式的农业活动所真正具有的唯一共同点是自发性：真正从事生产的是底层的俄国民众，他们在俄国革命前夕的民众运动中曾发出过这样的呐喊。[38]在 20 世纪 90 年代，小块土地产出约占俄罗斯粮食产量的近 30%，占蔬菜产量的 80%，并且帮助城市居民克服了俄罗斯自过渡时期以来深陷的粮食危机。[39]
2000 年，小块土地的面积增加了一倍，生产了一半的农产品。这些土地使并非以正式形态存在的农村经济活跃起来，在粮食安全和社会平衡方面起到了举足轻重的作用，所以官方已经认可这种趋势并鼓励其发展。

　　如果说农业中的真实情况与理想中的集体农庄相去甚远，那么所有规划中的农业机制也殊途同归，没有一个能达到理想状态。即使是 19 世纪初提出了一种最为民主的社会主义乌托邦的罗伯特·欧文（Robert Owen），也认为强制措施应当存在，如将团体的规模限制在 1200 名成员以内，将 3 岁及以上的儿童集中起来进行教育，并且由资格更高的人来对团体进行监督，所有这些措施都与他提出的新和谐公社的目的背道而驰，尤其与他提出的民众完全负责、共同使用生产工具和自给自足的理想南辕北辙。尽管欧文主义曾经有并且现在仍具有吸引力，但是在 1825 年和 1826 年两次试图实现乌托邦的试验都在两年之内就不了了之。

　　乌托邦与现实中试图寻求独立的农园劳作之间的差距随处可见。在德国或是荷兰，"重返自然"，或者更确切地说，重返理想化和唯美的自然，只是由一些生活富足的城市居民和一些得到启发的艺术家在很小范围内实行的一种活动。尽管他们猛烈地抨击城市的冰冷、人为痕迹过重以及人被隐姓埋名，但是他们在田间劳作数月之后又回到了城市，因为他们对土地产生了恐惧。

　　同样，法国的工人及家庭农圃起到了十分不同的作用，并且远比土地和家园同盟的预想更具政治色彩。因此，在第二次世界大战之后，该同盟改变了工作方向并更名为家庭农圃全国协会。[40]
此外，我们应该知道，勒米尔修士并非发明了共享农圃，而是对
其进行了传承。因为自 19 世纪初，市镇将更多的土地借给赤贫的
居民和没有农圃的城市居民。起初，这被认为是获得土地及住所
的一个步骤，但是，工人农圃最终建立在分割耕地的集体租用制
度之上。土地与家园同盟认可单纯的土地享有体系，并且拒绝拥
有农圃绝对产权的计划。在大城市的所有工业郊区和环城地区，
采用了一种独立合作社模式。

广义概念上的共享农园，是一种通过个性实现社会整体化的
探索方式，并且作为一种中介活动来解决一定的社会矛盾。玛格
丽特·尤瑟纳尔（Marguerite Yourcenar）的父亲是勒米尔修士的
朋友。尤瑟纳尔认为，资方极为厌恶的工人农园的根本目的，是
通过接触土地恢复城市中工薪阶层的权益，[41] 而不是给他们带来
干净的空气和新鲜的蔬菜。在 19 世纪末至 20 世纪初形成的"农
业殖民地"，正好迎合了这种社会层面上返本溯源的需求。理论上
讲，这些"农业殖民地"只对工人开放，但实际上，它接纳了来
自多个社会阶层和不同地域的人。据说，勒米尔修士造访他的"可
爱的农园"时，只要看上一眼，就能分辨出种植者来自哪个地区。
他常喊道："洛林人！弗拉芒人！布列塔尼人！"因此可以说，无
论是法兰西第三共和国的"战无不胜的共和思想"、工厂还是作坊
所要求的统一化工作，在面对工人农园时都无法再继续下去。在
工人农园之中，每个人都在回归本我并且与他人产生了关联。同
时，工人农园是"多重文化主义"雏形的萌生之地。

工人和家庭农园并非秋毫之末。从 19 世纪 90 年代开始，巴黎农园的数量得以增多，并最终形成了一条环绕首都的完整绿色带。1920 年，合作社数量约为 3000 个。[42] 同样，在欧洲及加拿大各地，农园的数目大量增长。在德国、英国或是荷兰，农园的数目增多并且更具有调动性，因为法国政府计划中显著的道德管控要求和家长主义让位给了自治和合作的自发机制。德国的工人农园最终没能形成体系，可能正是因为这个原因，20 世纪末德国家庭农园的数量比法国多 10 倍：德国有 130 万个家庭农园，而法国仅有 12 万。

人们创造出的社会农业计划数量惊人，但是，惊人的数量使人们相信的东西正好相反，任意一个民主农业社会都不可能源于某种强制性模式的严格落实，或是某种乌托邦的实现。究其原因，乌托邦描绘的完美模式都以预先无法被证实的思想为依据（自然法则、历史法则、神授法则等）。对于个人的生存条件、命运结局和实现方法，个人自主参与决策并且为自己做出决定，乌托邦所倡导的模式在各个层面上都与这些民主参与的思想背道而驰。一些乌托邦有赖于依据实现既定计划对人的本性详细展开必要的说明。这些乌托邦与重视体验、侧重人的个性的逐步养成、强调非正式关系或政治创新的世界观是完全对立的。[43]

这里，即使无须把与收成、生态及粮食安全有关的问题摆在突出位置，种植者辛勤耕耘的狭小田地，或耕种能很快带来丰硕成果的小块土地，也是探索土地耕种与社会性之间的联系应选取的适宜角度，而社会性的形式对民主思想极为重要。苏联集体农庄的历史，就是源于农耕乌托邦和庞大体系的工业化农业的例证。与之相比，应该更倾向于局部的、多变的、多样的并且变化着的农业实践，它们切切实实地存在着，并且为数以亿计的人带来巨大的满足。

如今，工人农园与共享农园以及集体、家庭和城市农业都并非源于某种固定的模式或是国家的计划。其中许多农园一方面源于传统，另一方面源于种类繁多的偶然事件和个人创造，比如，英国托德摩登小镇"不可思议的食物"运动，或是西方大城市中的城中菜园。这些偶然事件和个人创造通过社交网络和网站的传播，可以立刻扩散至全球。而这种扩散，无须在采取某种合适的司法和行政程序之后再发生。1997 年以来，在法国发现的形成时间最早的集体农园是里尔市穆兰区的"逢园"。因此可以说，集体农园不是因规定而形成，而是在自我确认中羽翼丰满。同样，"从事耕作居民的想法拼凑成了一幅画卷，而集体农园就是源于这一画卷和谐统一的整体"。[44] 与乌托邦体系不同，这种模式可能是一种结果，在任何情况下，它都不会是一种来源或是起因。

正如克莱尔·耐特莱（Claire Nettle）所提议的那样，为了避免混淆，我们应注意把自 19 世纪 80 年代开始，在政府的推动下欧洲各地出现的城市农园与那些基层民众的开创性做法区分开来。此外，为了表明二者之间一点细微的差别，我们要注意到，共享农园是带有家长主义色彩的国家规划的产物，或者仅仅是一种权宜之计，因为，对于弱政府来说，共享农园是一种应对经济危机、战争和饥荒的快捷有效方案。但是，实际上，在这种农业模式的引导下，也产生了其他的实践。[45]

如今，农园哲学与民主社会性紧密地联系在了一起，并且把它应用于食物生产过程中，运用于环境伦理和可持续发展中。该农园哲学是对无数行事之道和相处方法追本溯源的揭示。这些行事和相处之道来自普通的公民、地地道道的农民、偶尔劳作的城市居民和园丁。不管他们的种植行为已成为一种习惯，还是依赖于互联网上贴出的行动指南，但终究是具有决定性的。有机产品农业生产者群组、尝试种植的孩童、将菜园引入校园的学校、收集并分发尽可能多样的植物种子的反抗协会、非职业性非家庭性的种植者（俄罗斯有 1.05 亿），自 20 世纪 70 年代以来，团体农园的创造者将公园一角圈起来作为可种植土地的社区协会，以上种种都是当今农园哲学的"新参与者"。

▶▷　耕种我们的农园

许多文章和项目都在大力赞美农园，把它看作一种社会体验。共享农园带来的自然是共享方面的体验，这种体验创造了社会联系，把它归纳起来并且使之社会化。在伏尔泰的《老实人》中，甘迪德已对此给出暗示，他说："但是，应该种植我们的农园。"这里的"我们"并非修辞。农园不像莱布尼茨（Leibniz）的单子那样内在和封闭。在回到故土时，甘迪德践行了一种选择性的社会形式。他的选择不是过一种逃遁于世界之外的宁静归隐的生活，而是一种带有社交性的选择，而耕种土地作为物质基础净化着这

种社交性。甘迪德在旅途中遇到了形形色色的权力关系以及嫉妒、
贪欲和愚蠢，而他的选择完全站在了源于以上种种恶习的社会生
活形式的对立面。在分成制租田上安下家来之后，甘迪德与潘格
罗斯、马丁、莒妮宫德、帕克奎特、老妇人和修道士杰罗佛力组
成了一个小社会，所有人一起协作耕作和烹饪，作为犒劳的是糖
渍枸橼和开心果。他们一同付出心血，并且成了小块土地兢兢业
业的种植者和守护者，一同重现了亚当在伊甸园中的劳作场景。
伏尔泰并不认为在物欲横流的农园里，除了懒洋洋地躺着再无其
他事可做，不再相信孤独在其中所起的道德作用，他在关于亚当
的问题上有着正确的见解。在1765年的《哲学辞典》中有一篇
名为《创世记》的文章，他在其中写道："上帝将他放置在了肉欲
花园之外，以便让他耕种土地。但是，上帝曾经把他放置在肉欲
之园中，以求他能够耕种土地。如果作为园丁的亚当成为耕作者，
就必须承认在这一点上，他的状况没有太过糟糕，一个好的耕作
者和一个好的园丁是不分伯仲的。"

甘迪德建立的耕种团体，将原本为某一种类型的集体所特有
的特点进行了演绎，并将它们综合起来。卢梭笔下的耕作者豪放，
自然把果实慷慨地馈赠给他们；而莱布尼茨笔下的种植者愚钝，
只会弓着腰在田间劳作，他们任务紧迫，思维狭隘，不与别人往
来。甘迪德建立的耕种团体则处在这两种形象的中间。

再举一个今昔对比的例子。瓦尔特·本雅明（Walter Benjamin）
在他的文章《经验与贫乏》里，开篇就引用了著名的伊索寓言《农
夫和他的儿子们》，这篇寓言曾由拉封丹进行了再创作。土地耕

种是一般体验的范例，伊索的原文是这样写的："有个农夫生命垂危，此时此刻，希望告诉儿子们一个秘密，就把他们叫到跟前说：'我的孩子，我就快死了，所以我告诉你们，在我的葡萄园里埋藏着珍宝，你们自己去把它挖出来吧！'儿子们认定财宝埋在地下，为了找到它们，就用铁铲和钉耙反反复复翻遍了整片葡萄园，然而什么都没有找到。但是经过了彻底的挖掘，葡萄却有了前所未有的好收成。所谓的珍宝其实就是劳作。"[46] 但是，为了强调体验及其社会创造能力，本雅明既没有借助于艺术或是思想的体验，也没有运用宗教和政治的体验，而是寻求农耕者的体验。因为他所传达的是一种真真切切的体验，既不是土地也不是宝藏：是在翻动葡萄园的土地之时，孩子们领会到的生命的意义。他们没有共同分享宝藏而是分享了劳作。他们发现了继承的真谛，他们活在当下，回顾过往，面向未来。他们承认了自己的错误，并且改变了看世界的视角。简言之，他们培养了自己。本雅明通过与这种完全的体验形成的反差，从而触及了贫穷问题，他认为贫穷是自第一次世界大战以来现代人深渊般的体验：正如从战场归来时愚钝又失语的战士，那些受到科技冲击的人、被剥夺权利的人以及被没收财产的人都无法充分利用以往的经历，开启新的体验或把对体验的见解和体验之中的诀窍传授给孩子们。"体验课就此完结。1914—1918年在一代人当中，这成了世界历史上最为骇人听闻的体验。"除了艺术之外，把土地耕作视作一种卓越的体验，也算实至名归。

　　我们在此关注的是社会层面的体验。与固定的、决定性的、辩证的以及进化论的观念不同，社会生活既属于体验的主体，又属于体验的客体。当社会生活中的合作者们思考他们的相互关系，并且营造此种关系时，他们就创造了特殊的社会模式。这种模式将构成未来交流的基础。被联系起来并且社会化的个体作为主体试图培育社会，社会成为他们意志的客体和进行活动的材料。

乌托邦不允许具有实验性质的社会生活，并将其列为禁止性的活动，但这种带有实验性质的社会生活并不是在真空环境之中产生的。我们难以想象社会生活在一座工厂、一种怀疑的气氛或是在一所纪律严苛的学校中得到发展。实验性的社会生活需要一种可以自由发展并且同时作为实践场地的适宜场所。这个场所就是一般意义上的共享农园，是被划分为个人地块的公共土地。

"分享"这一概念如果使用在别处，可能会给"共享农园"这一表达造成混淆，但是用在此处却恰到好处。如果采用福柯（Foucault）的视角来探讨何为"分享"，则会造成曲解。事实上，在福柯看来，"分享"意味着限制，甚至造成分裂，分享的合法使用会造成对权力的依赖，以控制并监督这些分开之后的实践。例如，17 世纪理性与非理性的分享使得对精神错乱者的监禁合法化。"对演说的分享"使得完全相左的讲话方式杂糅在一起，让人难辨真与假、明智与谵妄、合法与非法。福柯认为，这种分享不符合分割和区别现存事物的自然准则，但是迎合了意识形态以及本质化的差别，其目的是在道德或政治方面取得统治的地位，并且使之合法化。

共享农园的情况则恰恰相反。农园的边界是"作为体验"的一种可能性的界线。然而，由于水、花粉、种子的性质或是在善于交际和团结一致的作用下，这种界线必定是一条疏松的界线。它没有把参与者和植物与外部世界隔绝开来，将所需的条件集中在一个地方并且使之持久存在。农园没有像福柯所说的那样被监视，而是得到了守护，就像亚当守护并且服务于伊甸园一样。集体农园和世界的关系与个人的小块土地和土地整体的关系类似。个人的小块土地没有彼此之间割裂开来，正如农园仍旧存在于环境之中。

　　就完整的比例看来，小块土地对于整个农园就像个体对于团体：正如每一块土地、每一株植物既存在于特定的位置，但同时又是分散的，每一个个体同样既是单独存在的，又处在与他人的交互之中。"绿道"这一概念指的是能够使小块土地与农园产生相互联系的所在，我们如今试图依托这一概念在大城市中重新营造出"人文社会"。就像土地中的植物可以毒死其他植物，也可以与其他植物共生，每一个个体都扮演着或好或坏的角色，并且依据行动所产生的影响来决定自己未来的行动。如果土地的种植者忽视耕作，或者有反社会的行为，那么他将被排除在外。参与农园其实是参与共同统治的一种形式。在这两种情况下，个人既有贡献也有所得，他们在收获，同时也付出。正是因为有了个人的小块田地，种植者们可以参与到公共治理之中，他们参与大会，分摊公共任务，有时任命代表或是接受代表的职责，并且交换信息和植物等。因此，分享并不是进行分配，而更像是在个人化和汇合行为的集合之中进行一种公共活动，与之对应的是英语当中

share 和 shared（分享）的概念。

在帕斯卡尔·安福（Pascal Amphoux）看来，共享农园既然不是通常意义上的"公共"农园，也不可以与秘密的或封闭的"私人"农园相比较，就像是查尔特勒修道院中的农园。因此在农园中，园丁一开始就处于一种分享的状态，农园在不停变化的同时还保持着原来的模样，在季节变化后园丁又重新回到农园中，帮助农园完成循环，这是一个农园与参与者之间活生生的对话。农园参与者可以是园丁、访客或植物学家，这种对话确实存在："农园就是我们。"[47]福柯眼中的"分享"（行家和业余者之间的分享，富足者和赤贫者之间的分享，工人和知识分子之间的分享，白人和黑人之间、男人和女人之间、幼者和长者之间的分享等）在此处并不贴切，甚至毫不相干。这里最有意义的是共存于同一个空间的事物：休闲或文化农园，用于庆祝节日、生产粮食或储存粮食的农园，具有教育性、科学性或参与性的农园，家庭农园，有利于融入集体的农园或工人农园。所有这些农园都在多变、包容且开放的维度中使"我们"这一概念更具体化了。

在市镇管辖的土地与个人的土地划分之间，共享农园形成了一种平衡的景象。工人、农民以及不同种类的劳动者在农园里从一周的劳累之中恢复过来，并且以朋友和家庭的方式共处。所有人都在农园中获得了暂时的休憩，在交谈和休闲中找到了自己的乐趣，他们不是围坐在桌子周围，而是坐在一棵澳大利亚无花果或是普罗旺斯梧桐树下。共享农园出现时，人们的头脑中还没有萌生过带薪休假的想法，农园的社交功能从那时一直保持到了今天。

许多研究者坚信城市是体现自由的场所，并且对此进行了大量研究，因此我们熟知课堂、沙龙、咖啡馆、广场、卧室、回廊以及其他热闹的会面及交流场所在自由的发展中所起到的作用。农园理应属于上述场所。城市、作坊及工厂沦落为完全缄默和孤立的场所，与之形成鲜明对比的是，上述场所曾经是并且仍是交谈、会面及社交的场所。

在通常情况下，有他人的陪伴以及共同做某件事极具重要性，以至于农园本身只充当了一个简单的背景。当今对于共享农园以及团体农业的调查也印证了这一观念。其中一个1997年的调查显示，对于70%—95%的受访者来说，与朋友见面和重新找到邻居是首要活动。这份调查报告还指出，造访共享农园的非正式会员数量不低于注册过的正式会员数，而注册会员的数量在200—1500个，其人数因街区的变化而不同。从20世纪80年代开始，随着新移民和落后于时代步伐的贫困人群加入到农园种植者的队伍中，社交问题越发亟须解决。纽约的集体农园首先作为一种进行社会融入的场所而存在，并且重新塑造了邻里关系和街区生活。农园是进行随意并且独立交流的场所。将其称作有组织的农园项目可能比集体农园这一名字更加合适。在另一项例证中，一位名为瑞秋的女农园工作者详细讲述了她参加的集体农园给她带来的出乎意料的惊喜，在她所参与的集体农园中，人们积极探寻团体和友谊的意义，并且寻求建立人与人之间紧密的关系，因此尽管她有时需要面对诸多的困难和挑战，共享农园对她来说首先是一个用来"培育团体"的工具。许多参与农园种植的人表示，当他们改换居所时，最令人心痛的莫过于失去朋友。在耐特莱（Nettle）看来，农园中的劳作者将园丁的社会集体转化成了"实践和认知的团体"，使它们为团结一致附上了社交的缤纷色彩。

在纽约和圣彼得堡之间，并不存在我们期望在别处寻得的反差。两地的共享农园扮演着类似的角色。梅丽莎·考德威尔（Melissa Caldwell）的一项研究以及亚历山德拉·卡萨金娜（Alexandra Kasatkina）在 2011 年进行的一项关于圣彼得堡城市居民建立"个人农园团体"的实地调查表明，紧密的团体联系建立在非常不正式的关系以及种子、植物、鲜花、果实、服务的频繁交换之上。无论是何种形式的农业合作社，所有的成员都喜爱农园，在农园建设过程中产生的纷繁关系增加了团队的凝聚力，而这些关系已经超出了单纯的合作社范畴。一个人带来了一株罕见的植物，最后这种植物广泛种植于整个合作社以及其他临近的合作社，像这样的故事不胜枚举，邻里间的社会关系比别处更为紧密。在农园中，阶级、文化以及财富的差异在某一时刻、某种颇具仪式感的活动中被弥合了，更不用说在狂欢节、田园之旅或是某些体育活动中，上述差异更显得微不足道，因为在参加农园活动时，所有人穿着同样的衣服，使用同样的工具，并且消费同样的产品。

农园中的劳作者创造了一种接纳文化。他们始终与学校、医院、社会中心以及养老院等多种机构保持着联系。他们在农园的入口立起写有"欢迎参观"的醒目标牌来邀请本区的居民入园参观。他们定期组织大众活动，如售卖植物、烹饪坊、农园课、艺术节以及联欢会。除此之外，他们通常还会预留一处空间给其他活动，如瑜伽、音乐、游戏等。在澳大利亚，为来访者奉上茶水是一项规矩，烧水壶和茶壶是团体农园中最为重要的用具。[53]

▶▷　开放却带有围栏的农园

共享农园社交性的一个核心特征是其开放性，这种开放性使农园等同于一种情境，即其位置允许农园同外部进行无限制的交流，同时又不会受到自身被削弱的风险。这与蒙田曾经提出的"不完美的农园"的概念相契合，它如同风一样，既不喜欢稳定也不喜欢牢固，两者都不是它所具有的品格，农园始终是未完成的。开放是农园得以持续存在的条件。从永恒的角度来看，不完美可能是它的一个缺陷，但是不完美对于人类的存在来说则是一个优点。如今，吉尔·克莱蒙（Gilles Clément）提出的"全球农园"这一概念，或是在科幻文学中提出的介于宏观世界与微观世界之间的"中观世界"，同样指出了上述观点。

绝不能凭空认为，园丁和农民把自己禁锢在自己的耕地和小团体之中。如果可以用画图的方式来表示他们的迁移，整个世界将会遍布无数纵横交错的曲线。如今，互联网网站和讨论群发挥着巨大的作用。无论是地区性的还是全球性的，抑或是短居几日或进行游览，团体农园联盟，各种类型的协会，各种作坊、活动、学校和培训都出现在互联网上，数不胜数。"实践团体"在全球得到了快速发展，并且始终保持着自身的实践性。重新融入社会的活力，以及与之相伴的"高尚并且团结一致的新经济"从美洲到澳洲，还包括欧洲、非洲与亚洲，在全世界纷纷得到效仿。在澳大利亚，一些团体农园的成员们经常选在另外一些地方度过自己的假期或是周末，他们在那里受到接待，并且可以知道本地发生的事件和出现的新鲜事物。就像科学或是音乐团体一样，这些团体农园同样组织一些专题研讨会、论坛及见面会，为农园制定新的政策，使更多的人关注到农园，打造一个国际化的农园。产生于托德摩登的"不可思议的食物"运动，因其有效的社会教育功能、适应地域条件的灵活性及其网站宣传的有效性，在全球范围内快速传播。数以万计的人们都秉承"分享食物"和"分享带来富足"的观念，在过去的二十多年中，他们对于世界范围内城市农业的腾飞以及"过渡城市"数量的增加起到了关键性的作用。

农园的开放特征存在于社会和物质两个层面，多数农园虽然有界线，但仍然对外开放，并且乐于保持这种开放的状态。团体农园安装大门成为一种全球趋势，这种趋势或是将一些敏感区域包围起来，或是不让外人进入富人区的居所和院落。与这一趋势不同的是，多数有关农园地位和功能的章程仍然秉承开放的原则。在法国的北部加来海峡大区，团体农园的章程明确规定"团体农园是开放的，然而却具有界线，就像字面意思一样，具有界线。为了保证园中的植物能持久存活并且便于居民布置农园，所以，需要用围栏和篱笆保护农园。然而，团体农园的目的是尽可能经常并定期地向所在街区开放空间"。马赛的章程则规定，"共享农园是一个街区中开放并且用于社交的生活空间。共享农园应为不同辈分、不同文化人群的会面和体验与知识的交换创造有利条件，并且促进团结意识的发展"。

同样的开放和可见原则也适用于个人的小块土地，许多小块土地集合起来构成了一览无余的风景。例如，圣彼得堡的园丁与"圈地者"，"新俄罗斯人"与"新贵"水火不容，他们因患有某种"精神疾病"而名声大噪，具体来说，是个人主义和资本主义的疾病。农园的界线应选择围网和稀疏的栅栏，而非不透光的硬质围墙。因为后者不仅丑陋，有太多的人工痕迹，阻挡了人们观赏自然的视线，而自然处于耕地哲学的核心位置；而且还不合时宜，与共享农园的成员们共同秉持的道德价值背道而驰，并且威胁着安宁和情谊。

因此，共享农园不属于任何一种传统形式，既不依赖于私有化机制，也不依靠没收大城市的公共空间或监督权力运行所需的空间。共享农园不会使大城市遭受池鱼之灾，不会使城市的空间被广告或宣传信息占据，也不会使道路、街区、房屋、某些群体、帮派或团伙侵吞城市的空间。可以说，共享农园既不是私有地带也不是公共地带，而是一种"第三地带"。

园丁们组成的社会并非建立于虚无的基础或简单的善意之上。没有任何一种蔬菜种植是孤立存在的，基于这一事实，园丁组成的团体创造出了不同的形式，这些不同的形式正是园丁团体特征的来源。植物社会和土地社会构成了一个"农业系统"，这是一个包容的整体，其中的自然条件以及利用这些自然条件的社会体系紧密联系在一起，包括农业水利系统、印加人（inca）的农业系统、休耕地系统、偶尔使用或是经常借助于畜力的耕作、没有休耕制的系统以及机械化的耕作系统等。在任何一种系统中，耕作都以某一特定团体自愿对一块土地进行组织为基础，同样团体的社会形式与耕地的特有性质和团体所种植的植物相关联。如果说出于分析的需要，可以把系统的类型划分清楚，但事实上只存在特殊的地域系统。例如，在美拉尼西亚，在同一个社会群组控制下的一个地区里，一片需要灌溉的芋头田紧邻着在伐木并火烧后的土地上建立的薯蓣种植园、椰树园和菜畦。这一切构成"耕种体系"，它处于永久的演变之中，同时也是开放的。人们提出的理论分析模式可以阐释分布最为广泛、存在最为持久的农业形式，但是却不能道明每一种特殊农业形式及其发展命运的特殊性，而每一种农业形式都处于不断转变之中。人们现如今试图在各地重建的"农业多样性"来源于人类群体与其所处环境之间的相互适应。农业多样性中持久存在的东西既不是一成不变的，也不是毫无秩序、出于偶然的，而是耕作者、耕地以及二者结合的形式彼此持续适应的过程。

工业化农业却违背了以上所有准则。第二次世界大战以来，工业化农业催生了一种基于动力化、机械化、矿物施肥、淘汰制和专业化的农耕体系，并且快速传播。该体系存在着显著的内部矛盾，在该体系下，只有极少数的耕作者能够从中获取足够的额外收入，并将其用于投资更为高效且更加昂贵的生产设施，一旦获取了这些生产手段，他们便可以进行更大规模的农业开发。

生产本位的农耕系统造成了难以解决的问题。因此，在英国托德摩登小镇出现了"不可思议的食物"这个与之完全对立的全新体系。这种体系结合了耕种土地最大限度地对外开放、富有责任心的园丁的投入，以及以城市规模的参与经济作为基础的社会生活。在该体系之下，土地不属于任何人，但是其中生产的蔬菜却为所有人享有。

托德摩登是英国的一座小城，位于曼彻斯特以南27千米处，纺织业的关停及大规模的失业使小城遭到重创。在此背景下，三位女性设想通过种植蔬菜来拯救城市，于是，她们决定借助生态农业的方法，在所有可能种植的土地上种植蔬菜、果树或是香料作物及药用作物。人行道上摆放着可供种植作物的盛有土壤的容器，此外，荒废的空间、道路及河道边缘的空地，公园、警局或是消防员营房前的空地，当然还有学校的校园都被用来种植作物。在每一处种有作物的小块土地上，配有一块邀请居民食用的标识牌，上面写道"分享食物"或是"随意取用，食物免费"。除此之外，有关蔬菜品种、食用方法和收获时间的说明也被张贴出来。为了阐明托德摩登小城所体现的哲理，这里借用了团体、学习和经济这三个形象，这些形象犹如齿轮，能够自己转动并且互相带动，是可持续城市的核心要素。这三者一旦相互连接起来，就会驱动融入社会的进程，而融入社会是所有活动的最终目的。由此看来，约翰·保罗（John Paull）把这种体验化为自由软件之列是完全有道理的。这种体验见证了"食物开源"的诞生。

▶▷　园丁间的平等：从民族植物学到多元文化并存

平等原则并非应用于相同的个体之间，而是作用于差异与互补的关系中，共享农园的开放性与平等原则密不可分。在民主层面，平等原则首先作用于个人权限这一敏感的问题。这一问题的敏感性源于权限在历史上曾经是，并且现在仍然是着眼思考公民资格与政治权力的标准。诚然，这些标准是不断演进的。在过去，权限由出身、财富、种族以及宗教社会阶层所决定。现今，知识层次与高等教育经历成为更为重要的评价因素，有时宗教和民族特征也发挥作用。如今，满腹经纶与胸无点墨、专家学者与门外汉、社会精英与普通大众之间的差别依然明显，就像以前一样。共享农园的使命就是弥合这一鸿沟。其中所运用的方法，不仅是对所有人一视同仁的抽象原则，还通过培训、教育、启蒙实现条件均等。简言之，就是系统地传承已经习得的能力，有时则是几代人积累下来的经验，防止这些习得的能力在遗忘中消失殆尽，并且防止强制铲除或施加某种方法或某种外来因素。

农园领域所运用的科学技术、知识和诀窍丝毫不比其他的专业领域简单。但是，与秘而不宣的实践、不愿把知识公布于众，或专门用于扩大而非弥合不平等的某种培训完全相反，共享农园是一种借助于体验的教育形式，其中每个人都可以获取所需。托德摩登"不可思议的食物"活动遵循这样一个公共原则，所有的人都可以种植 1 平方米的土地，并且在其中种植为所有人共享的蔬菜，但是这项活动的参与者必须参加培训，编写教材和技术卡片，研究过去先辈们所使用过的方法并且将其传承下去。农园学校并非以对个体的评判、比较并根据某一具体化的标准组成的体系在成员之间展开竞争为基础，而是依赖于手段和目的两者之间的协调。这种协调有利于个体发展，而个人体验在一切交流中都处于核心位置。农园学校跟默顿所定义的"社会失范"做斗争，这种失范是一种不平等，它源于个人因其所处的社会环境和所遵从的共同价值观而不能获取用以达到其目标的途径。

所有农园都具有教育的功能。当耕种一小块土地时，参与劳动者便置身于一种结构之中。他们在其中得到的不仅是一方土地、水、工具，更为重要的是完成一项任务所需的培训和必要知识。他们憧憬着完成这项任务，而且他们也可能依据自身的情况调整任务。在这一过程中，平等不是被诉诸或是被尊重的对象，而是一种被创造出来的产物。平等绝不是一个抽象概念，它基于阿马蒂亚·森（Amartya Sen）所谓的"能力"，即共享农园为参与其中的所有个人提供运转的具体可能性。

共享农园所倡导的民主社会性，依赖于另外一种虽然罕见却起到决定作用的平等，即文化平等。在有关文化平等的问题上，共享农园在诸多方面呈现出巨大进步，因为在这些方面，文化平等的原则以及"文化权利"的落实刚刚艰难起步，甚至受制于狭隘民族主义、纯粹身份或绝对忠贞思想而遭到彻底摒弃。与之形成反差的是，共享农园从很早之前甚至在这一概念出现之前，就已经是类似于一个"多元文化并存"的实验室。这正是乔治·巴朗迪埃（Georges Balandier）所提出的文化接触模式。勒米尔修士对此深感惊讶，正如当今的民族植物学家所为，他曾经学着根据小块田地的外表、种植植物的品种及其分布、小块土地的修饰及美观、烹饪习惯和农园避雨处的形状等来判断其中劳作者的文化来源。

　　如今，纽约的集体农园已经成为一种范例。自 20 世纪 60 年代开始，它提供粮食救助的职能逐渐让位于邻里之间的社交，为年轻人融入社会、实现经济上的团结互助，特别是为文化融合提供绿色及共享的空间。1997 年，应纽约州参议院要求进行的一项关于 229 个农园（占总数的 90%）社会文化运行情况的调查表明，农园中劳作者的来源非常广泛，包括波多黎各、多米尼加、海地、古巴、牙买加、阿根廷、菲律宾、圭亚那、南非、中国、英国、荷兰、德国、法国、意大利以及美国的十多个州。在进行调查的皇后区，其居民来自 150 余个不同的国家。1997 年所做的报告显示，集体农园的种族数目惊人，布朗克斯区为 24，布鲁克林区为 44，曼哈顿区为 39……报告的作者总结道：“把种类如此丰富的人种通过饶有趣味的活动联系起来，并且离家如此之近，可以确定地说，除此之外很难再寻得另外一种街区内的形式。”所种植的植物和组合也根据来源地的不同而变化：波多黎各人喜欢种植辣椒、芫荽和玉米，中国人耕作的土地上布满了白菜、乌塌菜和小白菜，而意大利人则喜欢种植无花果树、罗勒和大蒜。

　　在某种程度上，感恩节这个在美国最为重要，同时历史最为久远的节日，彰显着共同农业活动的社会调节者功能。如今在庆祝感恩节时，人们围坐在一张放满食物的桌子周围，同时纪念美国印第安人，尤其是瓦帕浓人，纪念他们在 17 世纪初在农业上给予来自普利茅斯的欧洲旅者的重要帮助。就像是历史中注定的一样，由于印第安人尤其是瓦帕浓人的帮助，来自欧洲的旅者不仅没有患上坏血病，而且避免了饥荒。印第安人帮助他们认识本地特有的植物，如玉米、土豆、地瓜、南瓜和西红柿，并且向他们传授这些植物的种植和烹饪方法。尽管如今很多美国印第安人认为，感恩节是他们遭到灭亡的开始，但是，这一节日却催生了吃饭问题、土地耕作、适应环境以及英格兰旅人与由慷慨的斯匡托（Squanto）带领的万帕诺亚格人这两个民族之间的友好相遇（无疑这种相遇经过了刻意的粉饰），同时也是沸沸扬扬的"认可政策"和这些政策所针对的文化"愈合"的开始。

因此，集体农园在一些文化特色的存续中发挥着重要作用，如果没有前者，这些文化特色可能就不复存在。集体农园有别于其他大多数机构，它倡导多样化的文化表现形式，因此在维持文化特色中发挥了特殊作用。如今，集体农园已成为研究的重点，文化"接触"的人类学家对其进行研究，民族植物学家则从中发掘了丰富的植物疗法和饮食传统，还有一些建筑师从中发现了农园中小屋或窝棚的建筑模型，既符合生态要求，同时价格低廉。

但是，在此绝非是民族或是"特殊群体归属感"的一元论，而是借用与给予并行不悖，多种植物及饮食传统共存，因为许多劳作者并非在自己的故乡体会到了农园种植，而是在北美的城市中感知了农园的存在。英国人类学家马林诺夫斯基（Malinowski）

曾做过关于文化借用的专项研究，指出所有的借用都是因为被借用元素增强了借用文化，而不是强加于后者之上，同时也有效地展现了集体农园的状况。在适应新条件的同时，农园中的劳作者重新审视着自己从祖先那里承袭下来的知识，并且探索着团体未来发展的可能性。多元文化主义的真谛即存在于此。与人们通常所认为的不同，即便假设存在文化身份，多元文化主义存在的原因也并非在于对一种文化身份的确认，而是在于不同文化之间持久的相互适应。

不同植物的组合排除了其同化性，然而却有利于形成合并以及共生的机制。此机制形成一种形式，可以换位到不同群体和个人的社会关系之中，他们虽然在文化上不同但却是平等的。实际上，多元文化主义并非试图将一种外来或少数文化强加至多数，并非强制少数文化接受多数文化，也并非将少数文化圈定在一个非公开的私下的隐秘地带，并且仅让外部文化"容忍"它。它的要义首先是保证共存的个人或集体携带着其文化遗产参与到共同文化的形成过程中，其次是不同的贡献可以得到互相之间的认可，以便能够融入一段共有的历史或者回忆。当生存在同一片土地上的不同文化群体以平等作为存在基础并且彼此往来，上述要义就可以实现。在农园中，每个文化团体都能够完全展现自己的本来面目，这种保持本色的程度高于在其他任何地方，同时又能够与其他文化团体之间相互联系。其中的每个文化团体都将与自身的习惯、审美观和日常饮食相关的特色植物带入其中，由此带来了各种层面上的交流，包括种子、农园技术与食谱。

多元文化主义的普世精神和其相对于文化熔炉、文化混合或其他文化"杂交"思想的对立面在集体农园中寻得了一个象征性的对等物。因此，这一象征性的对等物在"都市村落"的形成过程中处于核心位置就不足为奇。注重生态的未来主义建筑师尤纳·弗莱德曼（Yona Friedman）认为，城市已经因其过大的规模和在"直接民主"上的失败而变得扭曲，而"都市村落"是在城市之中仅存的城中乌托邦。在大城市中，"原始城市"具有均等的组织结构，在弗莱德曼看来，围绕这种组织结构连接而成的局部邻里关系是最为稳定同时效果最佳的元素。都市村落是兼具社会性和政治性的实体，与现今存在的均等城市相对应。都市村落的规模有限，得益于此，它葆有长时间的生命力。在危机时期，当所有其他结构都崩塌之时，唯有它依然存在。就像小块土地较之于集体农庄，"权威城市"组织庞大，缺乏平均性，身处其中的个体不过是一个隐姓埋名、依附外界并且相互之间可以替换的部件，而正是小块土地在这种庞大的组织中起到了平衡作用。都市村落重建了社会联系，而其他形式的都市构造都使之处于解体的威胁下。

尽管都市村落具有稳定性和平衡性，它依旧是可以变化、可以塑造的，并且始终被生存在其中的个体所改造。都市村落可以更好地存在于共享农园之中，因为后者形成了微型社会，其存在条件囊括了其永无止境的更正过程，因此是理解"可持续发展"的关键一环。农园耕作者组成的团体趋于平衡，带有破坏性的行为被明令禁止，或者人们需要对此做出补偿。耕作者既不是消费者也不是收集者，他着眼于未来。耕作者的小块土地汇集了维持子孙后代生计的各种活动，这种生计存在于食物、社会及精神层面。无论是农园耕作者或农民，他们作为种植者都生产着家庭所需之物，同时注意保护未来的生产条件。爱默生坚信，农民在整治土地使其变得可以耕作时，聚集起了一笔无法将其带入坟墓之中的财富，即使在辞世之后的很长一段时间内，这笔财富仍然有益于他们生前所在的地区。不管是开凿过水井、修建过石质的泉、在路边种植过成行的树木抑或是种植过果园，其功德都是不朽的。种植者真正废除了奴隶制度，因为无论法律和宪法的内容如何，他们从早到晚都在自己的田地中工作，用辛劳的汗水灌溉着土地，他们的劳动成果胜过任何一种强制劳动的结果。培育土地是迈向培育自我的一个跳板，同时也是转向培育社会生活的重要一步。农民心怀对未来几代人的关切，并且将自己置身于历史的发展之中。

▶▷　农园，重新融入社会的一种途径

把土地耕种作为一种重新融入社会的途径由来已久，这些人被边缘化，丧失了社会地位，用马克思的话说，他们是"多余的"，而用杜威的话说，他们则是"迷失的"。奥尔格索普（Oglethorpe，1696—1785）于1740年建立的萨瓦纳城就是个绝佳的范例。

詹姆斯·奥尔格索普于1732年登陆加利福尼亚，他所乘坐的船上共有114人。他在印第安人提议的一块土地上建立了萨瓦纳

城，印第安人依据奥尔格索普 1730 年绘制的图纸，将这块土地特许他使用，这使得萨瓦纳成为美国城市规划的第一个范例。根据萨瓦纳城缔造者所秉承的精神，这座城市对应着我们现今的"重新融入社会计划"。城市用于接纳穷人、惯犯、欠债者及轻罪犯人。依据奥尔格索普的设计，这座城市尤其用于帮助因债务问题而身陷囹圄的人重归社会。作为英国王朝议会的一员，他成功释放了这些犯人，并且争辩道，贫困不是犯罪，而是城市化进程、人口迁移、背离故土以及失去土地所带来的结果。所以，这是给"善良的穷人"第二次机会，而那些曾经相信能够在伦敦寻得更好生活的人却遭受了现实的打击。为了让他们免受物价及就业不稳定的侵扰，佐治亚州的殖民地建立起来了。乔治二世国王完全赞同这一计划，它能够使很多需要救助的苦难民众过上好日子，并且同时为英国卸下了一个阻碍发展的包袱。在一封邀请人们远渡美洲的文本中，我们可以读到如下文字："这个国家有许多贫困和不幸的百姓，但是，如果他们能够找到工作并且通过自己的劳动换取食物，那么他们愿意通过自身的劳动满足口腹之需。如果他们能够去一个具有广袤的肥沃田野的国度，即使现在无人居住并且尚未开垦，他们也很心满意足。我们将会承担他们的旅途费用，也会为他们提供帮扶，直到他们的工业产出能够满足他们的需要。而所有这些都不需要臣服于某个主人，或是受奴隶制的束缚。他们的产业所带来的回报属于那些从中付出的人。所有去往新大陆的人都会享有生来就是自由人的礼遇。"

"回归土地"的计划既是为了摆脱好吃懒做的人，同时也是出于对自由的信仰，于是土地便化身为重新融入社会的试验场。这种试验处于放任主义与家长主义之间。奥尔格索普有着远见卓识，他的慷慨大方、人本主义和创造精神得到了一致赞颂，他构想实现一种前所未有的结合，融合了城市与田园、城市发展与农村发展、开拓进取与保持基本生计、个人与群体。以上考虑体现在他所做的城市规划中：几个区域以一个大型的公共广场为中心呈几何分布，广场上树立的并不是任何一个英国显贵的雕塑，而是纪念住在此地的亚马阔印第安人的头领图莫奇奇（Tomochichi）之死的纪念碑。图莫奇奇不仅是奥尔格索普的友人，同时也在农业方面为他出谋划策。依据布局，每个区块一分为四，每小块都有十座房屋。依据 1734 年的规划，由数个区块构成的城市中心周边环绕着几个面积为若干英亩的小块土地，外围是一些农场，最外围是备用土地即公共用地，由此可以保证城市按照一样的模式持续扩展。城市周边农业与我们现今所说的城市内部农业相互补充。最初的规划包含 6 个区块，现今为 24 个。每一个区块都以中心广场作为核心形成一个统一的区域，并且具有相对的独立性，其中存在着行政建筑、宗教场所、商业店铺、各种公共场所和个人住宅，其中每处住宅都与一处农场和一个菜园相连接。街区中家庭的收入来源于农场，并且可以通过耕作小块土地保障生计。农场中产出的作物可以与其他物品交换，尤其是可以用农场中的产物换取克里克人和亚马阔人生产的手工制品。

　　萨瓦纳城提供了城市农业早期形态的范例，从萨瓦纳城到如今的托德摩登实现了巨大的飞跃。欧洲的共享农园常常形成一条绿色地带, 这些可以耕作的小块土地并非像它们一样处在城市的外部, 而是紧紧与每座房屋相连, 相互之间有所连接。城市中的不同空间存在交替并且互补, 居民能够进入各种场所之中。城市的设计是城市规划中的珍宝, 城市在一定时期内为民主实践提供了可能。民主实践涉及各个领域, 无论是与印第安人的土地均等, 还是公平贸易、尊重其权利、公共教育、行政、团结以及包容。萨瓦纳城的农业是公共的, 而并不带有集体性质。这种形态的农业促进了自我发展与社会关系发展之间的平衡, 促进了个人小块土地耕作与产品交换之间的平衡, 并且促进了个人劳动贡献与公共权力通过特许土地及各种可以共享的生产工具所做贡献的平衡, 因此萨瓦纳城的政治具有民主性质。

　　自萨瓦纳城建立以来, 通过耕作促进重新融入社会这种方式没有发生过大的变化。现在, 仍然有很多通过在城市中进行耕作来促进人们重新融入社会的做法, 例如, 阿根廷罗萨里奥市旨在消除饥饿和贫困的项目 (Pro-Huerta)。该项目的初衷是应对2001年一场严重的危机, 帮助最为贫困的人重新融入社会, 并对791个城中菜园进行治理, 促进了生物的多样性, 提供了一些教育和就学的机会, 为5000多个家庭提供了就业岗位, 养活了4万余人。在喀麦隆的雅温得, 很多城市周边的居民都是祖祖辈辈居住在那里的, 生活穷苦并且没有工作, 他们自20世纪90年代中期的危机之后耕作小块土地, 这不仅是为了生产食物 (诚然, 产出的食物数量并不多), 也是为了养护并且美化他们所居住的街区。在肯尼亚的基贝拉, 居住在贫民窟里、有过前科的犯人不再偷窃或是做一些苟且之事，他们投身于农园种植，从中获得食物和收益。对于这些年轻人，他们出身于乡镇，却始终在城市中生活，他们通过农业可以重建与祖辈文化传统的联系，因而农业对于他们来说是构建自己身份的一个契机。洛萨达是纽约条件较差的一个街区，这里的集体农园形成了没有暴力、贫困和毒品的一方净土，由此产生了一个团体。在这个充斥着瘾君子、无家可归者和毒品贩子的街区，农园成了街区中最为安全的地带，于是，从某种程度上来说，众多女性和儿童自然选择在农园中栖身。除此之外，农园里的许多小屋能够为狭小局促的公寓提供额外的空间，人们可以在其中做饭，孩子们在外边玩耍。就这样，人们建立起了与自然的联系，他们在其中耳根清净，放松身心。禁止毒品是农园的基本准则，毒品贩子不可踏入其中，这也帮助有毒瘾的种植者远离毒品。因此，许多人感叹，如果农园不存在了，他们的孩子可能就会在其他地方吸食毒品。农园耕作者在创建和维系农园的过程中经历了磨难，于是他们具有相同的目标，并且发自内心地认为自己是群体中的一员。"从某种意义上来讲，耕种农园是应对诸如毒品、卖淫、械斗等社会顽疾的有力盾牌。"

▶▷　在农园耕作中疗伤

共享农园带来了社会体验，因此具有修复受损的社会性并使之愈合的功效。即使在最为严重的被边缘化或孤立的情况下，共享农园依然具有能够修复受损个体的能力，使之与其他人建立联系，并且重新找到在社会中的位置。正如农园支持者们反复强调的那样，在农园中人人都是有用的。所有的人，包括最羸弱或最没有能力的人都能在其中找到一些事情来做。因此，农园耕作能够摆脱自我封闭、缺乏创造性和主见。农园耕种可以带来心理上的平衡感，同样也可以对抗极端贫困、精神崩溃、无用感以及自我封闭，因而常被应用于监狱和精神病院。在不同情况下，农园耕作可以用于恢复职业能力、治愈遁世心态或是避免沉迷于毒品，也可帮助犯人或最为贫困的人群重新融入社会，再者，精神病人、犯人或是退伍老兵可以通过农园实现带有治疗作用的冥想。

　　无论是以往还是现在，土地耕种都被当作融入社会和防止被社会抛弃的工具而广泛使用，这种事例不胜枚举。然而，它们都具有一个共性，即不管治疗性农园属于哪个机构，或是面向何种患者，它所带来的治疗效果都有两方面的含义，一方面是治疗，另一方面是治愈。卡罗尔·吉利根在其著作中提出的"关怀伦理"对于人众来说不再陌生，"关怀伦理"在此又多了一个关切，即关怀一个人的时候要用心，并且要考虑到其个性和特殊需要，同时也应该让被关怀者拥有照顾自己的能力。就像《塔木德》中说道，我最好的守护者就是我自己。如果外部保护不能够同时激发自身保护，那么任何外部的保护都不能促进自身的维持和发展。良好的社会政策以及作为其基础的司法理念，就处于放弃受苦者与照料自身之间。

　　"农园疗法"就属于这一类别。"农园疗法"运用于医院、军队、苦役监狱、教育中心、戒酒所或戒毒所、自闭或发育不全儿童所以及养老院中。这种疗法能够为他们提供初级社交的工具，这种初级社交始于某种形式的社会关联，即患者与植物之间建立起的关联。根据美国农园治疗协会的宗旨，该协会由专业人士构成，并且旨在为处于身心重建阶段的人提供农园活动。该协会所提供的活动总是与休息、放松或是重归自然疗法混为一谈，其实，它们毫不相干。几个世纪以前，农园活动就被广泛推荐给患有身体或精神疾病的病人，对于残疾或受创伤的个体来说，就像大脑对于理解笛卡儿主义那样重要，这是灵魂与身体的结合。农园活动的目的是依据他们的残疾程度，帮助他们将躯体活动与思维活动结合在一起，并且帮助他们发现取长补短的策略。

从 18 世纪中叶起，一些精神病科医生就经常用农园疗法来替代精神病人经常接受的封闭治疗和连续治疗。"农园疗法"诞生于美国，如今取得了长足发展。这一疗法的先驱是本杰明·拉什（Benjamin Rush），他是美国精神病学的创始人，并且是《独立宣言》的一位重要签署人。1812 年，这位来自费城的医生发表了《对精神疾病医学研究和观察》，并指出，"劳动并且耕作土地"的精神疾病患者相对于其他患者得到了更好的康复。与那些带有强制性并且效果不佳的治疗方法不同的是，本杰明·拉什以农园为中心并且辅之以"精神"疗法和活动治疗。1817 年，费城成立了一家精神病人收容所 (Friends Asylum for the Insane)。这家收容所鼓励病人去维护菜园，这样做的目的并不是从免费的劳力中获取利益，而是让病人重新与现实建立联系，开阔其认知范围，并且使他们重新审视自己。

从 19 世纪开始，整个欧洲治疗性的农园在智力不全的孩童教育中起到了核心作用。被称为"傻子的老师"的爱德华·塞甘（Edouard Séguin，1812—1880）建议道，应该保证孩童们每时每刻都能接触到农具。与那些倡导不惜一切代价让智力障碍者熟悉自然科学的方法不同，塞甘倡导引领他们接触自然，"通过使用、实践以及类似的方法，智力落后的孩子能够了解自然现象，并且卓有成效地吸收多种类型的知识，他们在这一过程中会取得惊人的进步"。这就是所有提议的共同之处：农园劳作可以使患者肩负起一定的责任，让他们发现自己虽然在困境中，但仍然可以完成一些事情，并且使他们不再一味依赖于来自外界的慰藉。在农园劳作之中，患者重新找回了"正常的"社会化和平等观念的基础。

美国的精神病学家查尔斯·弗雷德里克·门林格尔（Charles Frederick Menninger）和他的儿子卡尔·门林格尔（Karl Menninger）是农园疗法的创始人。父子二人于1919年创建了门林格尔基金会，这是一家位于堪萨斯州托皮卡的精神病医院。农园在其中起着补充其他疗法的作用，完全融入到了对患者的治疗中。卡尔·门林格尔认为，农园疗法可以帮助患者睁开蒙蔽的双眼并且扩展他们的眼界，而对于那些抑郁、好斗和遭受创伤的人，农园疗法则可以提升他们的自我，以帮助他们重新适应社会。就像教育农园一样，治疗农园中的一些活动可以陪伴并鼓励患者进行学习，使患者适应他人。1972 年，门林格尔基金会开设了一门课程，专门培养治疗患孤独症儿童以及多动或者智力发育迟缓儿童的专业人员。这种疗法的重点在于体验植物的生长过程，观察植物生长过程中的变化，了解植物日常护理的需要，并且体会照料植物时所需的时间。

20世纪40年代之后，退伍的伤兵是农园疗法卓有成效的另一佐证。农园所带来的弥合伤口的疗效，对于这些伤兵来说具有决定性的作用。农园正式成为医院的一个组成部分，为受创伤的士兵带来了慰藉。这样的农园在1968年已多达4609个，它们的作用都是用来治愈战争遗留的创伤后应激障碍，能够同时提供身体和心理上的帮助。如今，伊萨卡老兵庇佑所中的患者就见证了这种疗法的双重功效。农园中的劳作赋予了劳作者生机，而不会使之耗竭；会使生命萌动，而不会将其毁灭。时至今日，帮助退伍士兵走出困境的治疗性农园在西方世界随处可见，例如，加拿大及英格兰的农园假期项目，丹麦的纳卡蒂亚森林医疗农园。在苏格兰，也有类似的农园。农园劳作是一种卓有成效的辅助手段，可以帮助残疾的退伍士兵走出丧失自信的阴影，帮助他们在夜晚进入梦乡，并且训练他们受伤的肢体。

在呵护播种的植物以及为土地清除杂草的同时，身陷痛苦之中的人能重新找回现实世界的意义。当人们感觉到分享一个共有并且令人身心愉悦或者说"可爱的"世界时，才会获得这种感觉。据斯蒂法尼·韦斯特隆德（Stéphanie Westlund）采访过的退伍士兵说，他们身在其中劳作的农园给予他们回应，这种回应与他们给予的呵护和谐共存，带给他们一种令人宽慰的安全感。所有人都能与植物进行一种直截了当并且平和的接触，这种接触最初以简单的行为为基础建立起来，但是，这种接触仍然能够引发一系列的观察和行为。这有助于日后发展更加复杂的行为，或对行为进行更加全面的掌控。

农园疗法的功效并非基于对自然的仰望或某种美学因素带来的精神慰藉，而是基于行为和认知之间的紧密联系，这种联系与实验相契合。"农园疗法引导病人完成任务的过程十分理想，因为这一过程可以让患者逐渐与他人建立一种实际的联系，同时又不会感到过早面对人际关系的威胁。这一过程类似心理治疗过程中的面对面交谈。"患者可以在农园之中毫无拘束地审视自己的过往。土地变成了患者的倾听者，在这片空间中耕作时，曾经受过创伤的个体能够重新找回自我更新的条件。农园一方面能够使人接触世界，另一方面能够让人体悟世界，这两大益处使其成为唐纳德·温尼科特（Winnicote）所说的"过渡空间"，该空间中的人能够俯仰于天地之间，从而体悟到自身的存在。

此外，面对亲自照料的植物时，那些在医院中接受护理的患者不再作为客体，而是成为主体。他们不再是被护理的一方，而成为进行护理的一方。"患者处于空置的位置上，他为植物提供所需，这让他们摆脱了总是作为客体被人照顾的痛苦感受，建立起了自主感和个人成就感。"呵护是治愈的一种方法。主动照料有利于自身的痊愈。克里岛上那些被关押在监狱中的精神病人有着相似的经历。"这些被关押者多数经历过职场上的失败和被社会边缘化的挫折，通过分担责任以及人与植物之间无须言语的联系，农园种植可以使他们控制环境。他们自身的成就带来了满足感，使之确立新的目标并为之付出更多努力。农园劳作的能力以及劳作及其成果不断发展，个人形成了一种更加强烈的有力感，并且形成了一种对于自身劳动的自豪感。"对于那些厌倦生活并且带有自杀冲动的退伍士兵来说，对于农园所要肩负起的责任成为"生活中的一根定海神针"。一名参与过伊拉克战争的退伍士兵说："所有让我留恋世间、留恋生命的都是美好的事物。我不能离开，因为甜菜还需要浇水，鸡也等待着我喂食。尽管我不是心理医生，但是我知道从简单和基础的事情开始，例如完善饮食、参与合作项目或是尝试重建一个被摧毁的村庄都是十分必要的。"

斯蒂法尼·韦斯特隆德采访过一些参加过伊拉克战争和阿富汗战争的老兵，他们在退伍之后时常在纽约州杜鲁门斯堡的集体农园中劳作。这些老兵感到自己已经沦为废物，并且他们认为战争的始作俑者是石油大亨，认为将自己卷入战争之中非常荒谬，对此他们感到绝望。但是，当他们服务于社会，认为自身有益于社会，在农园之中劳作，种植出水果并且和同伴、至亲共享劳动果实的时候，他们的内心感到一丝慰藉。这些老兵将战争与石油、毒气与工业联系在一起，但是在他们看来，农园所连接的是健康和服务。在农园劳作者与他所耕作的土地构成的整体中，从事农园种植的老兵摆脱了多数退伍士兵卸下戎装回到故土之后离群索居和备感孤寂的状态，他们逐渐努力融入更为多样广阔的组织当中，例如沿河居民组成的互助团体、赠予食物的机构或是与学生和农业生态学家联合起来。杜鲁门斯堡的农园耕种者每周一都会传授有关营养和烹饪的课程，他们通过生态的方法来培养自身。在此过程中，他们为一种完善的饮食文化的和民主生态的发展做出了贡献。他们之中有许多人随后创立了有机蔬菜、药用植物或是染色植物的生产机构，并用这种方式为社会的转型做出了贡献，其贡献程度远远超出最初的预期。

同样，在托德摩登以及一切为全民利益而正在进行"蔬菜革命"的地方，个人融入社会已经达到了相当大的程度，以至于由个体组成的社会因此发生巨大的改变。托德摩登的生产活动一开始只局限于种菜，但是之后变得更加丰富多样，人们开始生产鸡蛋、禽类、蜂蜜、水果和奶酪，并且寻回了生产这些食物的古老秘方。市集、节日和另外一些日常活动相继举办，如烹饪学堂、蔬菜种植课程、鸡蛋节、种子交易日以及生产者市场。孩子们吃的是自己种植的蔬菜，学校食堂也用这些蔬菜制作菜品。为了整合与盘点这些创意，人们还制作了一个网站。截至2011年年底，47%的居民在过去的一年中种植过蔬菜，并且能够满足本地80%的食物需求。当年大多数当地居民反对再设立一家大型超市。

依靠农业建立起来的社会化充分展现了其民主属性。在我们所考虑的所有因素之中，建立参与性经济发挥着特殊作用。在共享农园之中，个人作为受益者和行动者或贡献者的身份不再被割裂开来：这不再与传统意义上权利主体的概念相互重叠。这不仅局限于个人享有的权利、个人的期许、结构完善的社会，或国家有义务为其提供的事项（自由、安全、财产、认可、尊重、劳动或其他事物），以及为了使个人过上有意义的生活而提供的具体可能性（或能力）。在耕种土地的同时，个人已经为形成一个令人舒心的社会做出了贡献，个人已经不再是只为自己而活的个体。个人不再附和那些大名鼎鼎并且对他们的成功与失败负责的主导者、领袖以及承包者。

借助于共享农园，个人与社会可以相辅相成。帮助、呵护、守护、分享、培育是一个延续性过程的不同瞬间，个人和社会共同参与到了一个过程之中。成熟的水果和生产出的食品可以像在托德摩登一样分享，但是这些食物并不能为某人占为己有，也不能送与他人。同样，伊甸园中的禁果并不是苹果，而是知善恶树上的果实。这种果实之所以是禁果，是因为他人可以毫不费力地得到它。只需要伸伸手，便可以抓住它并吞下它。然而，知识并不是一样可以被占有或消费的东西。如果不通过获取知识的途径、为认知付出努力以及对已知事物的了解便可以获得知识，那么这就是一种不良的知识。知识是一种被拥有物，它对人的精神来说，就像饮食过程中的过盛食欲。在确信与贪欲之间，知识形成了一种符合自我的方式，在这一视角下，表象是一种危险，人也是危险，甚至是敌人，人性的多样性成为一种不完美的标签。越是快速地掌握纯粹的知识，随之而来的便越是一个研究渐进的过程，该过程需要经受同辈们的检验。知识在第一种情况下成为主导权的工具，在第二种情况下则成为分享和交流的一种方法。

位于托德摩登的"不可思议的食物"项目就是一种社会体验的催化剂。这种催化剂并不是为了传统意义上的赠予，因为它不是一种可以拥有的东西。它只能被那些有意通过漫长的探索从而认识自然、品尝新鲜食物尤其是品尝孩子们（他们认为食物是从超市的货架上长出来的）偶尔才能尝到的绿色蔬菜的人所拥有。

该项目的最终目的是产生一种共享的社会体验。食物自给、重新认识最基本的食物、能够食用健康食品、从头到尾完成各项工作的农园劳动者们获得的自治，从蔬菜的种植到消费，再到之后的分享，所有这些因素营造出了一种环境，而从中获得的体验可以在以后无限制地重复使用。

在古巴、马德里、纽约、布宜诺斯艾利斯、柏林、马赛以及世界各地，城市农业带来了奥格尔索普在他那个年代试图寻求的方案，而他在当时已经从一定程度上预测到了这种方案在未来的必要性。农园城市、绿色城市、食物景观、蔬菜种植区、立体农业、屋顶种植、城市蔬菜种植、用来发展永续农业的荒地等，全世界大约有 1/4 的人在从事上述活动中的其中一项。人们可以从中得到食物，这是不争的事实，但是从更广义的层面来讲，人们从中获得了重新布置城市中存在的跳板，但这种存在已被"扭曲的大城市"的发展变得不确定、荒蛮、不近人情，同时又十分孤立。

即便社会治愈功能并非城市农业仅有，但是这些体验确实在城市中、在人行道上、在屋顶上、在荒芜和空闲的土地上汇集在了一起，它们因本地属性和社会连带属性，与浪漫主义或家长主义的农业乌托邦相近，但是在极为重要的一点上却又有所不同，那就是这些体验带有绝对的民主特性。对于我们来说，这些体验无论源自城市还是农村都无关紧要，重要的是，它们把城市与农村联系起来，并且营造了适合它们发展的空间。

3. 农园的政治

如果说土地耕种为自我培育和自主社会习惯的养成奠定了基础，那么它同样有利于人在现实中实践公民资格。前面的章节已在个人和社会层面探讨了这个问题，本章将从政治层面来进行探讨。理想状况下，这三个层面之间是没有间隙的。在个性、私人组织和政治组织之间，保持连续性是诸多民主生活形式的一个条件，并且是民主生活价值的构成因素，如同个人可以通过参与社会生活实现自我一样，通常，参与到社会中的个人可以通过参加到他们所在团体的政治生活，以重新获得运气和机会。

▶▷ "三千五百万大老粗"

有谁能比一个农民更加保守、抵制自由主义并且以自我为中心呢？我们可以把农民与民主甚至是政治生活联系在一起吗？我们所有的成见都无法对其做出肯定的答复。从中世纪直至今天，文学作品中描绘农民和政治参与水火不容的内容不胜枚举。至于将农民的世界与催生进步主义和民主的历史运动联系起来，以及认为土地公民性是现实存在的，所有这些似乎都是不可思议的。

有一些贬低农民形象的描述值得注意。一种是把农民描述为掠夺者，正如卢梭的名言所说，农民是"不平等真正的始作俑者"。这种解读来自一些人类学家，他们把新石器革命以及这场革命带来的必然结果（游牧民族的定居以及向农业的转变）和倒退乃至一场巨大的崩塌画上了等号。这场革命可能带来了私有化、人剥削人，并且把女性置于附属的地位。此外，还带来了食物的稀缺，大量的碳水化合物类食品取代了动物蛋白食品。因此，克洛德·列维斯特劳斯（Claude Lévi-Strauss）、马歇尔·萨林斯（Marshall Sahlins）和皮埃尔·克拉斯特（Pierre Clastres）等学者更青睐狩猎者/收集者的社会。在他们看来，这种社会物质富足，体现着自由与平等，充斥着艺术和娱乐的气息，并且在道德层面上远远优于定居的农业社会。理查德·曼宁提出了不同的观点，他认为农业的起源要追溯到对植物和野生动物的驯化，在农业社会中，捕猎者/采集者的高尚动机得以保留下来。

有种观点认为，在现代世界中，非法的私有化行动以及对公有财产的占有产生了农民这一群体，这种观点在学者圈子之外也传播甚远。还有部分观念认为，农民在土地上进行劳作，把生产的果实储存起来，宣称自己有权把耕作的土地传给后代，将富余的农产品变现，利用廉价甚至免费的劳动力，就像是奴隶制中被允许的那样，成了反人道主义和资本主义的始作俑者。以马克思为首的许多学者都坚持这一观念，他们认为法国大革命开启了资本主义时代的到来。

农民最关心的是保护自己的财产不受任何侵害，也正是这种想法使农民变成了彻头彻尾的"保守主义者"。农民自私自利，同时又因循守旧，自始至终都死死盯住自己的一亩三分地。他们不顾整体利益，一方面是因为他们无法认清整体利益，另一方面是因为他们的阅历也不允许他们保护它。阿尔弗雷德·柯班（Alfred Cobban）所分析的"农民共和国"，是小私有者和中等私有者构成的法国。法国大革命之后，他们除了保护自己的私有财产之外再也没有其他心思，并且反对任何形式的社会和政治结构的深刻变革。1848 年之后，他们最终开始参与政治，带有一些波拿巴主义的色彩，他们反对共和，而且成了自由的敌人。

在另一种观念中，农民被认为是"野人"或"原始人"。我们从中世纪文学对农民的描绘中就可见一斑：丑陋的、凶恶的、蒙昧的、粗鄙的。法语中"粗野的"（rustre）一词来源于拉丁语单词 ruris，意为乡村，是 urbis（城市）一词的反义词。法语中"野蛮的"（sauvage）一词来自拉丁语单词 silva，意为"养猪的森林"。在教堂的文本中或雅致的文学作品中，在一些浮雕或是绘画中，农民总是带有一张阴暗的面庞并且蓬头垢面，象征其卑劣的精神、丑陋且迟钝的形象。劳作使农民变得愚钝，脚下的一亩三分地成为萦绕在他们心头的执念。他们离群索居又缺乏教化，他们生活在文明之外且阻碍着文明的进步。农民或许是推动历史发展的要素之一，但绝不是唯一动力。在巴尔扎克的小说《农民》中，为了获得私有财产和权利，农民被看作是引起大革命的一个对社会构成威胁的因素，集中了所有的缺点：懒惰、酗酒、野蛮、吝啬、狡猾，他们的卑劣行径不胜枚举，他们是所有缺点的集大成者。马克思认为，19 世纪 50 年代的法国农民是文明社会中的野蛮之所在。他在 1848 年发表的《共产党宣言》中写道，资产阶级最大的功绩之一，就是帮助很大一部分人脱离了乡村生活的愚昧状态。

莫尼克·路什（Monique Rouch）对乡村农民进行了研究。他认为，农民粗野、无知、低劣的形象已有数个世纪之久，直到卡尔洛·莱维（Catlo Levi）写出《基督不到的地方》一书才画上句号。这部作品于 1945 年在人们的头脑中掀起了一场风暴，农民获得尊严成为可期之事。

在法国，认为农民粗鄙愚笨的想法反复出现，尤其是在整个 19 世纪。无论是法国思想家还是英国思想家，在他们看来，农民在参与治理方面总是慢半拍，他们处在民族的边缘，处在政府够不着的地方。被视作"第三共和国之神"的欧内斯特·勒南认为，法兰西的建立应反对他们，而不是与他们并肩战斗。一个国家的建立不应该有民众的参与，"尤其应与农民划清界限，他们今日已完全成为房屋的所有者，实际上他们不过是房屋的侵占者，就像大黄蜂一样占领了并非自己建立的巢穴"。

马克思同样持有这种观点，他认为农民的迟钝来源于他们的边缘化。农民之间缺少在工业劳动领域的相互依赖，而相互依赖正是阶层意识产生的必要条件，因此，农民无法找到自身阶层的共同利益并采取共同行动。由于无法找到共同利益的契合点，众多而简单的聚合取代了社会性团体。"零散的农民构成数量庞大的集体，集体中的成员有着同样的生活境况，但是，成员相互之间并没有通过多样的关系联系起来。法国数量庞大的农民集体只是通过简单的数量叠加而形成的，好似许多土豆装在一个袋子之中形成一袋土豆。"

对于在法兰西第一帝国之后重新掌握权力的共和者来说，当务之急就是要教育明显带有乡土的笨拙和外省野蛮行为的愚钝大众，或是把构成国家的 3500 万粗鄙之人教化为积极主动的公民和聪颖开化的爱国者。相对于衡量他们的政治见解并且使之相信共和政体的优越性，这一任务显得更为重要。简言之，这一任务比与他们进行交流并倾听其观点更为重要。最臭名昭著的则是科西嘉岛的农民。他们脾气暴躁、生性懒惰、心智不全（梅里美曾这样描述），他们是旧时有关农村描述的众矢之的，这种乡村的古老风俗更催生了某种厌恶感以及某些沉浸在真实理想状态中的浪漫观。对科西嘉岛的农民进行管理，需要采用像驯服野狼一样强硬的方法，使他们摒弃一些威胁到自身今后生存的习惯，并且对其进行教育，这是共和机构的终极目标，但是，实现起来并非易事。

大多数历史学家赞同有关农民的愚钝落后的"神话"（罗兰·巴特所定义的"神话"一词）。从政治上讲，有些用于衡量农民的准则剥夺了他们的资格，并且不给他们任何申辩的机会。例如，历史学家尤金·韦伯（Eugen Weber）在 1976 年所著的《农民变成法国人》一书，就证明了 19 世纪 80 年代，由农民构成的法国确实是个"野蛮人的国度"。至今，在印度、印度尼西亚或巴西，农民几乎没有机会被倾听或被他人加以考虑，因为那里的农民丝毫没有得到什么尊重。因此，巴西农民运动的目标不仅是要得到土地，还要使自己得到关注与尊重，使自己被看作正当、平等的对话者，得到一种观念上的认可。他们曾经被认为是盗贼和穷光蛋，不配拥有公民身份。

农民愚昧无知，不只是自我封闭和缺乏教育造成的，同样也是因为他们的工作条件。从日出到日落，他们一天到晚在田间干活，为这种暗无天日的劳作所累。他们自私自利，迷恋物质和金钱，只关注如何果腹，从不关心如何充实自己的心灵。农民的没有教养带有自相矛盾的意味，"如果不改变农民的生存条件，不管是增设学校还是免除教育费用，对于提高他们的文化程度来说都是无济于事的。在农民的一生中，他们整天在田间弯腰劳作，在他们的生命快到尽头的时候，他们依旧无知并且贫困如初"。

上述观念造成了一种后果严重的想法，即农民不能进行统治，如果说可以统治，那也只能是民主性最低的一种政治形态。农民既不能自治，也不能正确地参与到政治生活中。农民的保守主义不能将任何一种政治构想化为现实，只能表达出一种亚里士多德所宣称的"政治动物"性的存在。由于缺乏准确的语言和正常的智识水平，农民既不能超越自己的命运而存在，也不能和自己的同类争辩。当然，因为农民不善交往，也无法结识到同伴。

在法国，乡下人与支持集体利益和公共财产合理使用的政府是不相适应的，这一观念始终都存在。由于农民占大多数，因此这一观念决定了政治选择，使农民在政治上远离了权力。这一观念还影响了启蒙时期和共和国时期的思想，如同能够拯救中世纪蒙昧思想的世界观，在人们的头脑中逐渐根深蒂固。

从 1848—1875 年，农民落后论使排斥大众参与政治的行为变得理直气壮，这种论调的影响一直延续到今天。共和派秉承民众正确论，农民确实在人数上占据优势，但现实情况是，如果农民有投票机会，那么其中的多数就会选择帝制。一些温和的民主人士认为，农民的投票权事实上并不关乎什么政治，农民并没有能力了解自己田地之外的世界。农民使用土语，对国家通用语言不甚了解，并且视野狭隘，所有这些使得他们对于田地之外的世界感到很陌生。参与性民主在 1850—1851 年被视作理想型的民主，当时的激进派也秉承这样的观点。但是，这一观念转变成纯代表性的共和国，并且使农民尽可能远离权力。促成这一转变的观念是，与其等待农民从他们固有的政治幼稚中成长起来，还不如扼杀他们投票以及表达意愿和观念的权利。最好让民众代表全权负责，巩固统治，减少选举的频率，任命法官而不是像在公民参与政治生活的体制中那样选举法官。以于勒·费里为代表的"机会主义者"与激进派的意见相左，他们认为，应该帮助农民卸下不能担负的公民权利的担子，并且创建"代表性政府"。前者认为，参与政治生活具有培训作用和教育意义；后者则相信得益于代表性政府的体制，农民可以慢慢进步。

克洛伊·加布里奥（Chloé Gaboriaux）认为，农民政治行为的问题加剧了第三共和国有关政治进程的缘由分歧。这种分歧归根结底是法国共和主义的基本矛盾，在严苛的公民性理想主义与认同大众的追求之间犹豫不决。

　　农民的世界无关政治，充斥着破坏自由的因素，这一观点影响深远。不仅像法国这样的共和政府没能重新筑牢根基，而且，初衷就是限制农民投票和观点表达的代表性政体得以保留下来。此外，实行家长式统治并且鄙视农民的政体，则在很大范围内得以传播，比如在落后国家以发展为幌子，为响应一些专家的号召而实行的全国殖民农业政策。直到最近一段时间，人们才开始质疑，是否应该将农民置于比他们更强的专家所设计的体制之下。而且人们开始意识到，不管是发达国家还是落后国家的农民，可能都并没有我们原先认为的那样蒙昧。农民具备一定的统治艺术，对独立有着自己的见解，并且对于自身所处的复杂社会现实有着无可取代的认知。然而，越来越多人认为，把农民视作农村发展的关键角色、向农民征求意见、研究他们的认知、缔结双边的研究和发展合同、将本地的治理模式融入合作计划之中等，已成为"可持续发展"的条件之一。

▶▷　农民创造民主自治之日

　　事实上，如果我们跳出既有成见，在法国或是其他地方，通过正式的历史和与之相伴的偏见，我们可以发现农业文明具有极其多样的形态，与此同时，农民统治的本地形态通常以公社或合作社的形式而存在，这些形态具有相当长的历史。早于文字出现之前，这些统治形态就具有了民主性质，很可能是民主思想一个重要的灵感来源。

这种观点与弗朗西斯·德皮－德里（Francis Dupuis-Déri）对法国和北美农民统治的研究相一致。在他看来，民主形式随革命而出现的观念是错误的。18世纪之前的民主似乎比之后的更具有生命力。"在中世纪和欧洲文艺复兴时期，数以千计的村庄都有自己的居民大会，村民们在会上就集体议题共同做出决定。""居民共同体"甚至具备法律属性，并且在几个世纪之中都遵循着自治的原则。国王和贵族只负责管理有关战争和他们私有领地的事务，维护法庭的运转并且通过劳役动员臣民。君主和贵族当权者不会参与共同体内的事务，共同体内的成员以召开大会的形式，聚集起来商议政治、共同体、财政、法律和地方性事务。这类大会每年在公共场所召开10—15次，大会期间会对村民共同体内的常规问题进行讨论。与自由民主阶段的代表性政体相比，这种君主制和封建机构并存的共同体具有更大的自治性。有研究表明，当时接近60%的家庭参加大会，有时甚至是必须参加，缺席者还应缴纳罚金。"与会人数超过2/3时，集体决议才生效。通常，投票过程很快，或是举手，或是发出呼声，或是使用黑球和白球表示赞成或反对。如果决定重要事件，会议纪要上会记下参加投票的所有人的名字。"面对越来越具有权威性和领导性的国家，原本践行本地民主的居民共同体及行业协会逐渐丧失了自治能力和独立性。

对照上述观点，我们能发现一个有着2000年历史之久的例子，即亚眠大教堂周围的蔬菜种植园。这个蔬菜种植园是城郊农业的先驱，位于法国庇卡底省的低洼沼泽区，是蔬菜种植的试验区，由水渠灌溉，还有用于排水和土地管理的工具。这种蔬菜种植园不仅存在于法国的布尔日，也存在于中国和泰国。在成为可以引起游客好奇心的旅游景点，以及成为本地区引以为傲的地点之前，这片蔬菜种植园曾是组织完善的自治共同体的所在地。共同体的首领按照民主的规则选举产生。

从中世纪乡村和农耕历史的研究中，我们认识到，农民有着清晰的政治观念并且在早期就已经发展了自治体系。同样，让 - 马克·莫里索（Jean-Marc Moriceau）的研究重新构建了法国中部农民共同体的历史，这些共同体的政治形式自中世纪起就已十分周全。共同体由选举出来的首领代表，接受由一位同样是经过选举产生的女性统治者管理。此外，共同体由十多个同意将耕地、财产及房屋聚集在一起的家庭组成，一同赋税并且共同管理主要的交易。自 16 世纪和 17 世纪起，农民就持有决议文件，并在共同休大会的商议记录及一些公证书上签字。有一些共同体存在300 余年之久，且其成员多达 1 万人。

加斯科涅地区的朗德省也有相同的情形，自 1780 年起，朗德省的工人小组就组建了带有团体性质的咖啡馆。村民聚集在那里阅读报纸，评论当天的新闻，并且尝试着进行政治判断和辩论。这些咖啡馆同时也起着民众教育中心的作用。自法国大革命起，朗德省成了法国激进民主的社会主义发展的高地，这与原先朗德人糟糕的名声形成了鲜明反差。在法兰西帝国时期，面对拿破仑三世对他们土地的侵占，朗德地区的农民奋起反抗，特别是反对拆毁市镇地产以及拆除后土地资产的集中。在工人组成的小组里，他们反抗有大量土产的地主，同时维护独立的原则，并且保护没有土地的土地开发者、拥有少量土地者以及羊群饲养者的收入。在这些小组里，可以适量饮酒，但禁止赌博。

随后，阿列日省的农村家庭组织从 1946 年起开始形成。这种组织以公民教育协会的形式长期存在。就像工人小组一样，家庭组织具有协会的性质，并且根据民主的方法运作。因此，这些组织使一些社会主义民主运动结合在一起，但是，其运作方法很难在别处得以应用。全国乡村家庭联合会（CNFR）和乡村发展与促进协会成立于 1946 年，现今已发展到 2700 家地区协会，有 68 个省级联盟和 18 个大区级团体，有 20 万个会员和志愿者。

所有这些都打破了农民极端保守、右倾、自私且对政治漠不关心的定论。1968—1970 年，农民在整个欧洲进行了反资本主义、反军国主义以及支持工会的运动，并以这种方式参与到左派的社会运动中；1971—1981 年，在拉扎克地区进行的农民斗争就是否定原先论调的有力佐证。农民常被戴上反动的和反政治的帽子，在一定情形下，他们确实有这种态度。但是，普通大众中的其他人也有这种态度，这绝非农民所特有。

因此，有必要重新审视有关农民落后的神话，思考这些观点正确与否，有助于国家和民族，包括共和形式的国家和民族的逐步建立，也能够使仍然处于低迷状态的、民主的、参与性的解决方案发生改变。重新审视诋毁农民的论断，实际上就是建立一个好的观察场所，用以了解民主包容的构想与共同生存之间究竟还存在多少差距。

▶▷　耕种土地不会使占地名正言顺

> 土地永远也不会卖，因为土地是我的，你们不过是与我在一起的陌生人和居客而已。——《利未记》

根据政治理论，自由国家要做的第一件事就是使拥有的地产合法化，并确立土地与耕种土地所有权之间的关系。然而，耕种土地，此处的土地意为 adama（人的土地），使人名正言顺地暂居于土地上并享有居住或驻足的权利。那么，耕种土地是否意味着人可以把土地变为自己的财产呢？如果耕作使人与其倾注心血并带来收获的土地联系在一起，那么，是否暗含着通过某种方式（金钱、暴力、诡计、劳动）获得土地的人可以宣示对土地的所有权呢？然而事实并非如此。拥有土地确为事实，但这并不意味着所有权具有法律地位。

耕种土地实际上否定了我们习以为常的土地所有权形式，即绝对的排他所有权。这种所有权已被法国大革命时期的《法国民法》概念化。之后，凭借帝国主义的盛行以及欧洲殖民活动的扩张，这种形式的所有权在各地得以确立并削弱了其他形式的所有权，如自新石器时代以来对公社财产的所有权。在对公共财产的研究中，政治经济学家埃莉诺·奥斯特罗姆（Elinor Ostrom）指出，除主流概念上的所有权之外，可能还存在一种经济政策，既非个人的也非集体的，既非私有的也非公有的。规定了存在于各处的公有财产使用的"制度安排"，提供了一种解决方法的范例，并且摆脱了私有化自由权利和历史上曾强加于其上的公共财产之间的更替。这种经济政策让人们重新审视有关公共资源、公社财产的旧制度以及规定这些财产如何使用的自治或统治体系。

　　然而，为何轻易把个人私有地产与自由民主联系在一起呢？对于现在一些以约翰·洛克（John Lock）为代表的政治权力理论奠基者来说，私有财产可以为人的独立提供保障，可以使他免遭神权的束缚，并且摆脱被征服以及遭遇匪徒洗劫的厄运。个体拥有地产之后，才可能摆脱传统的管制并按照自身的意志生存，倘若个体不拥有地产，就无法维持生计这一头等大事。有了地产，个性得以形成并发展。个体逐渐把有利的条件、方法和资源汇集在一起，使拥有的土地可以持续多产。洛克认为，应该防止社会的稳定被"一些退步的因素"所破坏。霍布斯（Hobbes）则认为，应确保一些人的财产不被另一些人强行占有。这两种观点都充分说明，要在征得多方一致的政府体制与私有地产合法化之间找到一种平衡。

　　既然如此，自18世纪起，个人地产开始有了一些与以往截然不同的特点。显然，洛克希望通过平等的方式分配土地。他倡导对面积较大的封建地产进行拆分，且用以维持生计的田产应限制在所需的范围之内。然而，辽阔的地产内部的土地集中扩展到了整个国家，且很快与土地集中论背道而驰。直到现在，这种土地集中意味着集体主义、民主、政治自由主义与经济自由主义之间的分离。很多人仍然坚持要求政治自由主义和经济自由主义，尽管有产者数量在减少，但是他们拥有的财产与被分配财产的比例却有所增加，因此，以自由和人权名义达成的集中程度，要高于18世纪末民主革命之后的状况。

　　然而，长久以来，不管在民主革命之前还是之后，都存在这样的土地制度，比专有地产系统更好地融合了个人财产的持久性及其存在条件的平均分配。这些条件含土地的授予、租赁、类似于共享农园中的特许小块土地、长期租赁、可撤销的租约等。农园劳作的伦理能为在同一块土地上居住、劳作带来名正言顺的理由，但是并不会促使人企图获取土地的所有权。即使在《圣经》中，土地与在土地之上谋求生计的人之间，虽然有种休戚与共的关系，但这并不意味着上帝把土地"给予了"人，并且让他据为己有。从亚当、杰弗逊、托德摩登、集体农场居民、生态休耕或是城市农耕的视角来看，拥有土地不仅没有任何意义，而且与土地劳作的最终意义相违背。耕地当然可以被给予，但绝不能被"拥有"。因此，要审视区分共有的与私有的用途，或将其改为半公半私的。既然农民与土地的关系与既存的关系种类如此不同，因此就应该用一种新的经济思想来替换。这种新经济思想已在法国社会学家马塞尔·莫斯（Marcel Mauss）或匈牙利政治经济学家卡尔·波兰尼（Karl Polanyi）的身上初见端倪。

　　土地给予与将其据为己有之间的差别，以及食物自给与地产制度之间的区分自古以来就存在，我们可以在不同文明（如印度、中国、欧洲）的各个时期找到例证。因此，我们无法厘清这些现象并将其归为单一因素。另一方面，通过与日俱增的现代视角，我们可以重新了解这些制度的精神之所在。这种现代视角重视公共财产的公共管理，或更确切地说，关注公共决定及其规则。这些决定及其规则确定了公共财产不同于私有财产的属性，并且按照公有财产加以保护。在这种视角下，对三十多年前开始成形的小规模农园和农业耕作的全方位捍卫，实际是对任何集体的、自由形式的地产的批判。

▶▷ "最初，整个世界就如同一个美洲"

在某种程度上，公共权力除了可以保障个人的私有权之外，还可以用来分配田地。这种观点早已出现在约翰·洛克的著作中。尽管洛克把所有权拓展到所有事物，而且拥护这种所有权，但同样试图为所有权划定界限，以避免所有权导致独立和不稳定，并且防止对所有权的捍卫与建立所有权的初衷背道而驰。起初，洛克并不认为所有权会造成什么问题，因为"最初，整个世界就如同一个美洲"。在洛克的用词中，这里的美洲就等同于伊甸园，其中的开垦者就类似于亚当：最初，美洲的人口稀少、分散，农场孤立存在。人占有的地产、耕种的土地、建造的房屋就像是个孤岛，以至于那里没有什么交流。美洲的土地面积辽阔，并保持着可开垦的潜力，因而被认为是一片应许之地。美洲并不荒凉、野蛮抑或是充斥着战火，就像是霍布斯想象的那样，处于原始的自然状态，是一片可耕作的热土。

在最初的农场中，孤立的个体生产着食物，他们耕作的土地只有在正确耕种的条件下才能产出粮食。在洛克看来，把土地据为己有是合法的，首先是因为土地为公共所有，是上帝给予人的恩赐，因此，个体占有自身所需的土地"理所应当"。一方面，个体有维持生计、维系自己身体的权利，身体属于个体就像劳动工具属于工人一样，个体有权使用维持生计所需的事物；另一方面，除土地之外，个体再无栖身之所。"宇宙的创造者，统率着个体在田间进行劳作和耕种，同时给予了个体拥有并耕种土地的权利。劳作以及劳作的场所构成了人类生存的条件，自然也就有了私有财产。"

此外，对于小块土地的所有权不仅确保维持生计，还使得提前劳作、贮存、增产等成为可能，这是农学中固有的活动，也是农业赖以存在的基础。农业维持了人类活动的"可持续性"。在进行农业生产的过程中，人的劳作能力和耕种技术日臻成熟，得益于此，即便是种植者在休息或是忙于其他事务时，土地仍然在不间断地工作。农民与狩猎—采集者的主要区别就在于，一方面，后者没有闲暇的时间，一旦为维持生计而付出的努力中断了，维持生计的渠道也随之中断；另一方面，农耕地产可以带来丰厚的收益，并且可以节约土地，农民拥有的地产也可以交与他人。然而，狩猎—采集者中存在的粗放经济模式带来的收益则寥寥无几，不利于人类的生息繁衍；最后，对劳动手段（被转化为耕地的土地）拥有的同时，也是个体劳动成果的拥有。通过自身的努力得到果实，因此劳动果实归个人所有。"个人通过劳作，从自然界中得到的任何事物都归他自己所有。"通过无论何种形式的努力，耕作、采集抑或是狩猎得到的东西同时也是从自然和公共财产之中获得的。

然而，耕作土地与占有土地只有在精确的界限内才能达到平衡，过量则难以维系。一块田的面积依据产量，可以不被纳入公共地产之列。占有的东西比自己所需的多了，则无异于"对他人之物的索取"。同样，这也适用于收获物的所有权，必须按需占有，不应挥霍浪费，也不能投机倒把。起初，所有权总是带有温和的色彩，对土地的所有权也只限于个人可以翻耕、播种、栽培，对收获物的所有权也限于劳动者及其亲人可以食用自己收获的果实。总之，个体只要在维持生计所需的田地里劳作，对除满足自身需要之外的土地都不应抱有什么贪恋。

随着交换和货币的出现，人们对土地的看法发生了根本改变，"这种黄色的小金属片"打破了原有的平衡。例如，用一些早晚会腐烂的、多余的李子去交换核桃，这种行为干扰了自然财产的纯洁性。为了实现交换，人们索取比自身所需更多的东西。此外，交换违反常理，使生产或收集比自身消费更多的东西成了惯常，而货币则在很大程度上使人更注重产品的商业化而非商品的生产。货币表现出了一种"过度索取的欲望"并"损害了事物的自然价值"，而事物的自然价值唯有在满足人的生活所需时才得以实现。由于金钱的出现，囤积凌驾于理性的需求之上，政治经济比实际经济更胜一筹，资本主义使自由主义变了形。这里的自由主义，是保证人通过独立行为和自我治理来发挥自身能力的自由体系。

治理与社会团体集合而形成的政府改变了职能。国家最初的职能就是保障个体拥有地产的权利。人在田间劳作，一方面是上帝的旨意；另一方面是出于自身的需求，因此所实行的法律不应妨碍人获得土地，而应给予他部分土地。但是随着金钱、囤积以及用金钱来衡量价值的出现，法律有了另一个作用，即对土地占为己有进行限制，并保证每个人都能分到一定的土地。

因此，寻求国家的帮助以保护私有财产，也就意味着国家在平衡劳动与劳动资料的所有权上要有所作为。在洛克和后来的马克思看来，劳动资料的所有权是人自身发展和获取独立的重要条件。这样一来，上帝把土地分配给人并让他在土地上劳作、生息的做法，就可以借由国家的支持得以延续下去。因此，不管是原始的"自然"状态，还是贪欲带来的后一种状态，国家都是"集体性质"的实体。这个实体通过成员的许可和拥有土地的权利，从而拥有集体筹划的土地，并依据个体的需求和现有的资源，协调国民在国土上生存的权利。

▶▷　每人三英亩土地：融入社会的最低条件

从政治上讲，农业意味着借助公共权力来分配土地，而不是动用国家力量。至少在一段时间里，洛克的思想在一些认同其哲学思想的国家（如美国）被完全接受。此外，有独特想法的奥格尔索普也曾提及，国家的使命不是保障私有财产，而是谋划如何实现"农业平等"。从1734年起，萨瓦纳城的市议会就试图实现这种平等。萨瓦纳城中的土地被划分为面积均等的地块，分给城中的每一个人（包括起初并不拥有土地的、从事农业生产的雇农），无论他是什么样的国籍、财富状况或宗教信仰。所有的男性居民都分得城中一块三角形状的土地，用以维持家庭生计，同时还分得城市外围一块 45 英亩的土地。这些被授予的土地有严格的边界划分，居民既不能通过继承或购买的形式增加土地的面积，也不能将已有的土地出让。

土地平等的原则，当时以最令人意外的方式推广在印第安人身上，并产生了深远的影响。在美国，把土地据为己有的惯用原则其实就是"抢夺和杀掠"。奥格尔索普另辟蹊径，他着手研究生活在这片土地上的亚马阔人和克里克人的土地制特点，发现他们在获取土地的合法方式以及有关土地转移和交易的问题上形成了一致的观点。在奥格尔索普与图莫奇奇交流的过程中，两人商定将印第安人不需要的土地转让给外来的开垦者，前提是后者要保证进行"公平交易"，并为亚马阔及克里克儿童开设英语学校。图莫奇奇认为，用土地换取贸易公平和受教育权，可以让人有机会学习技术、科学，并且进行对外交流。他的做法再一次体现了耕地和自我培育之间的紧密联系。但是，亚马阔人并非一无所知，他们告诉刚刚踏上这片土地的客人建造未来城市的最佳位置，并且把自己在种植玉米和果树过程中学到的农业科学知识传授给他们。直至今日，美国最重要的节日感恩节仍然纪念着这一美德。

相对于美国印第安人和奴隶制所产生的影响，杰弗逊的作为要小得多，但是就政治原则而言，他是早期美国农耕主义的最杰出的代表。美国早期关于划分可耕作土地的法律都应归功于他。他认为，要实现土地的划分，就必须采取两项基本措施，首先要废除有关长子继承制的法律。该法起源于英国，规定任何人都可以通过购买进而成为一块土地的合法拥有者，此外，可以获得根据自己的意愿处置土地以及将之转让给合适人选的绝对权利。在绝大多数情况下，所谓的合适人选就是长子。因此，托马斯·霍布斯（Thomas Hobbes）认为，长子继承法就等同于"自然法则"。他还认为，父亲拥有的财产应以共有的形式转给下一代中最为年长的男性孩子。

　　然而，杰弗逊认为这种制度极为荒谬。尽管他遭到了强烈的反对，但是自 1776 年起他仍然在弗吉尼亚州成功地废除了这项规定，并修改了继承规则，以便在土地所有者离世之后，他的地产能够在所有的孩子中进行平均分配，而且任何一个孩子都不应被剥夺继承权。在杰弗逊看来，这是形成美国民主的基础。在继承者中平均分配地产，不仅是一种经济层面的解决办法，能避免他在欧洲各地看到令他生畏的贫穷和行乞，而且也是政治层面的，这个办法有助于实现自治和平等。这种平均分配地产的做法，意味着一种体系的形成，它可以抹去之前贵族政治的所有印记，并且消灭未来有可能出现的贵族政治的一切苗头，以夯实真正意义上的共和政府的基础。

　　杰弗逊好像已预见到 120 年后约翰·斯坦贝克（Steinbeck）在《愤怒的葡萄》中所描绘的、让人难以忍受的情形。他察觉到了自由体制与土地集中在个体种植者手中的对立。拥有广阔土地的有产者层出不穷，雇用的劳力或奴隶则沦为了生产工具。种植园中的劳动密集且专业，尤其是在烟草和棉花种植园，大地的养分在三年之内就被吸收殆尽。地主贵族大行其道，而手无寸土的农民则形成了一个不能小觑的阶层，所有这些现象都是杰弗逊要竭力扼制的。因此，杰弗逊对种植园主和大地主深恶痛绝。斯坦贝克戏称道，那是一头屈服于冷漠的主人（银行、企业以及数学）的"野兽"，带着诸如棉花的植物，蚕食着大地并吸吮着大地的血液。

有人曾把杰弗逊与法国18世纪50年代的重农论者相提并论，但是，他的观点足以将自己与法国重农者划清界限。后者以农村经济与人口之关系的自然主义理论作为基础，进而把农业视作财富的主要来源（因为土地原本具有使财产增多的能力，播种一粒种子就能收获好多粒），并且认为农业的重要性随着大规模种植的发展、开垦规模的扩大、生产专业化的提高以及频繁的收获而与日俱增。身为国王顾问的弗朗斯瓦·魁奈（François Quesnay）是法国古典政治经济学奠基人，他曾与自己的园丁一起学习认字，但是在他眼中，富裕的农场主优于小户农民，因为前者才是进行投资并且带来丰厚利润的兴业者，同样，他更加倾向于在广阔的土地上进行开垦而不是局限于小块土地之内。尽管杰弗逊十分了解魁奈，尽管他与德·拉·里维埃（Lemercier de La Rivière）交往密切，并且与杜邦·尼莫尔（Dupont de Nemours）保持着长时间的通信往来和深厚的友谊，但是，他并不认同他们所秉承的利用剩余农产品及其商业化而产生财富的观念。重农论者将目光投向拥有众多地产的土地所有者，杰弗逊则认为独立的农民构成了民主的社会基础。除杰弗逊之外，以上提到的这些人并不信任民众，认为民众不可能认清自身的利益之所在，因而他们偏爱受过教育的精英阶层，但是杰弗逊只寄希望于自我治理。重农论者只从经济的角度衡量农业，杰弗逊则把农业视作与民主自治最为契合的人类道德和品格的来源，不实现粮食安全就不能产生公民性，获取不了生产资料就不会取得自由，没有对个人需求的清楚认知就不会参与政治，不具备独立从事劳作的意识就不可能实现自身的发展。杰弗逊还认为，土地作为一种公共资源被给予了人，以便人能在其中劳作并依靠土地来维持生计，因此他把农场视作一个"小型共和国"。从民主规则的视角来看，对土地的所有权并不比占有土地这一事实更加重要，占有土地有三个层面的含义：居住在土地之上，照料土地，并且实现土地的自我产出。

　　杰弗逊希望立即采取第二个措施，也就是分配面积等同的土地。他将之视为"福利救济"（RMI）。他认为，这种分配不靠运气和以个人想法为基础的自由逻辑，同样也不依赖任意一个自然的或随机的法则。土地的分配以及关于获取土地方式的立法，依赖于对公共权力的民主的使用方法。在弗吉尼亚的宪法草案中，杰弗逊谋划着"所有现在没有或不曾拥有 50 英亩土地的成年人都应有权利拥有 50 英亩的土地；那些拥有土地但是面积不足 50 英亩的人有权利补足到 50 英亩。任何人都不能被剥夺他们的土地"。随后，他又构想了一种价格低廉的国家授予或租赁体系，其目的是让每个成年人都享有一小块地，并且将不拥有土地的人数减到最低。最后，政府应为那些不拥有地产的人提供就业岗位。

因此，虽然杰弗逊的目的与洛克相似，但是他所采用的手段不同：将耕作的地产占为己有，有利于调用公共权力，能够对田地作为社会的基本需求进行划分。所有权并不具有自然属性，而土地划分却具有这一属性。不管划分是由上帝还是政府来完成，人的本性都是要得到土地才能实现自身的发展。杰弗逊对与上述原则相左的东西一概不予容忍，并把在欧洲盛行的传统所有权的所有制归结为一类，无论是倡导教会的还是封建主的特权制度，抑或是他同时期的理论家所提倡的自然权利。在杰弗逊看来，赋予国家分配土地的权力就是自由和改良体制的基础，如果不实现以自由和改良体制为特征的自由民主，那么，所有的民主实现方案在其存在的一开始就处于瘫痪状态。

伴随着杰弗逊的思想，一种与空想主义相去甚远的土地平均主义形成了，重提了古罗马时期所倡导的均分耕地，借以对抗贫困和财富集中的土地平均主义。这与既有的导致自由主义与资本主义共同存在，同时又导致工业化生产的农业模式存在很大差异。随着杰弗逊思想的发展，同时形成了另一条道路，即"激进自由主义"道路，后来的实用主义哲学家约翰·德威（John Dewey）将其概念化，指出自由不仅仅是作为目的存在，更重要的则是用以达成目标的路径。

杰弗逊坚定地反对资本主义，既不认同功利主义倡导的对经济活动的自发调节，也不赞同国家的教条理论。杰弗逊对资本主义的反对，在一些学者的作品中也有所体现，如历史学家查尔斯·比尔德（Charles Beard）认为，杰弗逊的土地平均主义就是反对资产阶级的武器。此外，还有阿根廷经济学家克劳迪奥·卡茨（Claudio Katz），他提出了一种对杰弗逊自由思想的反资本主义的解读方法，而直至今天，杰弗逊的自由主义思想仍可加以应用，并能带来丰硕的成果。

　　一些美国的奠基人要求土地平均，并不意味着得到一种身份或要求的一致。总的来看，无论是在欧洲和南美还是亚洲，到处都有能够获取大致相当的土地面积的农民，土地是他们的衣食来源，而且除了维持生计所需之外，还可获得能在市场上交易或售卖的富余产品。除了在自己的田地上耕作之外，农民还可根据既有规则，用集体管理的、属于市镇的土地进行生产。农业均等的古老规则在欧洲一直延续至 18 世纪，马克思曾多次提及这一点。马克思的解释是："西欧所有国家封建生产的最显著特征，就是将土地分配给数量尽可能多的忠君者。"忠君者意味着依赖领主或具有保护作用的国王的自由人。在欧洲、日本或是别处，地球上布满了面积不大的农村地产，其中还夹杂着存在于各处的领主土地。大多数民众在 15 世纪仍然作为自由农民存在，且耕种着自己的土地。在英格兰，即便是农奴或短工也是独立的，他们其中的不少人还可以在 4 英亩的土地上劳作，并且使用公用的生产工具；此外，还能在一些农业工程建设、大规模建筑及对下一代的教育方面享受到村庄作为一个集体赋予每一个成员的优惠待遇。

　　农业平等并不是个空想，而是长久以来一直运行着的一套体系。当农业的平等遭到威胁时，他们会为了重新获得平等而进行斗争。直至今天，他们仍在为捍卫平等而努力。农民要求获得土地并且寻求参与到让与体系中，他们认为只有当自己置身其中时，才能够实现自己获得独立和公民身份的夙愿。

▶▷　土地的"安息日"

> 将土地视为一种劳动条件而不是在遗产继承中待分配的财富，这样可以触动农民的心弦。
>
> ——西蒙娜·韦伊（Simone Weil）

理查德·曼宁（Richard Manning）明确指出，治理的想法在历史上源自对农业生产过程中的剩余产品的管理（因此，对农业生产的非工业化有可能导致管理的取消）并使其带来利润。但是，我们发现政治体制的不同，跟所耕土地的性质与人的个体性和社会性的关系有关，所有关于政治的构想都必须考虑土地的定位问题。

这种定位并不是最近才开始出现的。《圣经》，尤其是《利未记》已从政治的视角对这一定位进行了充分的讨论：完全的所有权会带来不平等，因而被排除在外。任何一块土地都不能以不可撤销的方式得到或进行买卖。个体只有在正确使用土地的前提下才会被赋予土地，换言之，个体在耕种的同时应照料好土地。这种呵护不仅适用于土地。同样也适用于人的身体，即便很多人认为身体是属于自己的，即便是把自己当作身体的所有者是有理有据的，但是，这是否就意味着对身体的所有权可允许一个人传播疾病，可以对还在母体腹中的孩子为所欲为，抑或是拒绝接种疫苗或拒绝有益的体检？

对土地的恰当使用迄今仍影响着有关租地、土地授予或是共享农园（工人农园、小块土地、城中农园等）的哲学。土地的"无主"状态基本上是被禁止的，佃农通过被授予土地或是以极低的租金租用土地，要对土地进行维护性耕种。如果不这样做，佃农就会丧失享有土地的权利。在《创世记》中，对伊甸园的呵护不仅有赖于亚当的劳作，而且离不开每七年就要实行一次的"土地休整"。是否遵循土地休整，是否进行休耕，直接影响着个体能否顺理成章地停留在他的土地之上，如果未对土地进行应有的照料，那么他将被驱逐出这片土地。

休耕不仅符合生态要求，而且对道德和政治也大有裨益。一方面，农民应筹划如何储存食物（正如阿兰·泰斯塔尔［Alain Testart］所认为的那样，这对于社会构架在政治层面具有决定性的作用），除此之外，在第七年的休耕中，人们还应该制定一套特殊的共渡难关的规则，并且根据这些规则分配储存的食物以及植物自然结出的果实。换言之，他们应该联合起来，并且就如何分配达成一致，这是人类社会的基础。另一方面，土地的休整和土地的完全所有权互不相容。种植者暂时存在于土地之上，如果种植者不殚精竭虑地谋求土地的完全所有权，他就能更加心无旁骛地进行耕作，之所以这样说，是因为对某种事物的完全占有意味着拥有者会把自身的逻辑强加于拥有物之上，进而形成一种依附关系。但是，休耕与完全占有的思维逻辑完全相反，休耕来自土地有权进行自我更新的想法，并且顺应土地本身的自然时序。运用以自然周期知识为基础的多种农艺学方法进行休耕，是向实现"永续农业"迈出的第一步，在高强度使用土地直至将其自我更新能力毁灭殆尽之前，人们曾经有过让土地休养生息的观念。

相对所有权的制度从拥有之中抽离了出来，并且成为进行耕作的条件之一，而不再作为耕作的目的。相对所有权带来的权利、责任和义务具有公共属性。在相对所有权的视角下，每一位在土地上驻足的人不过是匆匆过客，而这种思想是可持续发展不可或缺的条件之一，并且深深影响着土地转让的法则。"世界的发展"依赖于认识到后辈所需要的，并不是前辈传承下来的地产、而是沿袭下来的培育土地并进行自我培育的权利。

显然，耕种的权利极为重要。只有这一权利得以树立和确定，土地的划分和开发才能有序进行。而国家的存在是实现这一结果的必要条件。更确切地说，只有以有效划分土地为目标而组建的国家，才能与耕种的权利并存，我们可以将由此带来的结果称为"可持续更新"。

▶▷ "亚当锄地，夏娃纺纱，侍从身在何处？"

无论以往还是现在，农民总是通过捍卫耕作权利并质疑绝对所有权，从而为民主政治形式的发展做出贡献。同样，他们通过斗争，迫使公共权力保护受到巨大威胁的耕种权。但是，对农民所有权的剥夺丝毫没有减退的势头，反而达到了前所未有的程度。造成这一状况的原因，是耕地甚至是生态保护地被大规模占为己有。许多术语可以指代这一现象，如：囤积居奇、土地攫取、据为己有或集中占有。农民把自身的耕作权利放在首要位置，不仅仅要求有充足的食物、独立和自由集合，同样也要求得到完整的公民性。

为了反对土地的私有，抗议土地集中在最为富有的或权力最大的人手中，或是抵制土地用于非农业用途，农民进行了形式多样的活动，并希望以此获得耕作的权利并自由使用集体土地。但是，无论在什么地方，这些活动都离不开特定的政治组织形式，即农民要寻求建立一种独立的管理形式，并且其中的成员可以多次积极参与讨论和决定。自从提出分配土地的要求之后，所有的农民都反对将土地与人分割开来。然而，亨利·孟德拉斯（Henri Mendras）认为，这种分离虽然带来了"农民"的消失，但催生了"职业性的种植者"。在土地与人的分离中，卡尔·波兰尼（Karl Polanyi）发现了一系列结构性改变最为重要的第一步，这些改变使得原先停留在空想阶段的市场经济变成了现实。

▶▷　德国农民战争

1524—1526 年，德国爆发了农民战争，由此成为一个通过斗争获得土地，并通过公社的自由制度使自治发挥作用的典型范例。

这也体现出农民从一开始就被当作不具备资格并且不关心政治的愚钝大众。这场战争同时被称作"普通民众的暴动"或"平民起义"。宗教改革的激进派领袖托马斯·闵采尔（Thomas Muntzer）支持农民战争，而马丁·路德则对此强烈谴责。参与战争的农民多达300万，至少2/3的人在骇人听闻的大屠杀中失去了性命。萨瓦本的农民进行斗争，其目的是分得教会的财产，要求废除修道院，取消农奴身份，不再征收什一税，取消死刑，并且免除一部分劳役。但是，他们最为主要的诉求是重新得到被公爵和教会侵占的市镇土地，以便能够在这些土地上进行劳作，并重新享有曾经被赋予的公共权利，如放牧、砍伐树木、捕鱼以及打猎。在斗争的组织方面，起义农民集合起来形成团队，并且通过从类似《宪法》以及古罗马《十二铜表法》之类的文件中选取的誓言，将斗争队伍紧密地团结在一起。1525年，誓言文件的印刷量达2.5万册，在当时来说可称得上数量相当庞大。誓言文件不仅制定了公社生活的规则，还表达了公社的诉求，如第十条指出，"已被公爵及教会占为己有的土地曾经是属于所有成员的公社土地，并且属于公社。我们要重新获得这些财产，由公社所有的成员共同掌握"。彼得·布瑞克（Peter Blickle）写道："农民本不想进行战争，而是谋求团体的自由、公正和权利。"

　　誓言文件中的每项条款都表达了农民对公社自由和公共财产的向往，并且强调公社集体行为，以及个体参与对构建代表性的体系具有的重要意义。由此，我们发现一个在农民世界中反复出现的动机：个人的精神和政治自由并不依赖于原本应该遵循的、所谓与生俱来的心理能力，而是依赖于一整套完整的环境，其中除了能满足人的需求的周边环境，还包括资源、劳动条件、住处，当然还有一片可以劳作的土地。

▶▷　英国圈地运动

土地不仅是维系生计之地，也是赓续过往、开拓未来之地，在保护土地的斗争中，在抵制圈地运动的过程中，英国农民表现出的坚定信心和团结一致足以彪炳史册，而圈地运动时至今日仍在上演，并且依旧带来消极的影响。圈地运动始于 1235 年的《默顿法令》，之后维持了几个世纪之久，16 世纪之后在英格兰和苏格兰登峰造极。在圈地运动之前，最好的土地、开放性的耕地或是市镇的土地，按照团结合作的原则由本地进行管理，圈地运动之后，公社逐渐丧失了土地，占有和圈地现象愈演愈烈，原本矗立于这些土地之上的数以万计的农民的房屋和住所被夷为平地。占据公共土地是迈向集约型农业的第一步，但是，集约农业并不是圈地运动的最初目的。相较于集约农业，圈占土地者更倾向于能够带来更多收益的地产以及广阔的牧场，因为牧场之中的羊群所生产的羊毛能够带来丰厚的收益。成片的可耕地从依靠土地为生的农民手中被夺取，面对这种情形，托马斯·莫尔（Thomas More）在《乌托邦》中写道："你们的绵羊本来是那么驯服，吃一点点就满足，现在据说变得很贪婪、很蛮横，甚至要把人吃掉，把你们的田地、家园、城市都蹂躏完了。"在圈地运动中，农民被剥夺了所有权（即便他们并不是真正意义上的土地所有者），相比前者，被从原先的土地中驱逐出来后遭遇了更为深重的苦难，他们丧失了生计来源，原有的相对独立荡然无存，原有的权利和赖以立足的土地也不复存在。得益于 1760—1840 年相继出台的一系列法案，圈地运动逐渐成为一种合法的存在。圈地运动在之后的一个世纪之中受到了托马斯·莫尔和亚当·斯密的抨击，而且，包括马克思和恩格斯在内的众多历史学家都认为，圈地运动是之后资本主义经济形成和工业革命发生的触发因素，并且从 16 世纪开始导致了若干场大规模的政治运动，其中包括 1549 年在诺福克发生的凯特叛乱，以及 1607 年一位名叫波奇的上尉领导在米德兰兹郡的叛乱。参与这两场叛乱的农民，占当时总人口的数量比例十分惊人。

将农民的叛乱称之为"群体性反抗"恰如其分，因为圈地运动使他们丧失了生而为人应享的栖居之处。农民把享有栖居之所视为比法律更为有效的通用原则，这一思想源自《福音书》，或者更确切地说，来自农民对《福音书》尘世的、近乎世俗化的解读。于是，他们破坏圈地的围栏，同时向国王请愿，劝国王以农民职业之名保护其田地和收成。他们深信，对于期望建立社会和经济正义的地方政府来说，农民这一职业是必不可少的，并且可以确保政府的良好运转。[52]

农民并不向往无政府主义，也不排斥国家和政府。但是，他们希望对国家和政府进行重构，从而遏制财富和财产等方面的不良现象：贪得无厌、唯利是图、囤聚垄断、效率至上和资本积累。

农民求助于上帝或国王，并不意味着他们像被指责的那副模样，因循守旧，而是更多地表现出一种极具现代性的强烈愿望——在一个通常得不到国家权力干预的偏远地带，对社会中的强盗逻辑进行政治管控。农民希望有个能保障社会公平和正义的政府，因而被视为民主的改良主义者。无论什么政府，只有人民真正参与了政治事务，为之提供信息，倾诉怨言，表达自身需求并且监督其运作时，才能扮演好这一角色。因此，农民用一种制约当权者的制度来"管理"国家事务：对权力的有效制衡、公民社会和自主合作体系的构建，在许多情况下，都有赖于某个公认的权威，或是某个庄严的声明，或是《圣经》，或是某个源于罗马《十二铜表法》的宪法文本。

此外，农民斗争是真正的战争，而不是易怒群众的运动、社会骚乱、农民暴动或造反行为。如果像路德或资产阶级革命党人那样，把农民斗争视为社会骚动，那么就根本无法理解农民对政治的渴望，就会把农民斗争等同于野蛮的无政府主义而加以贬损，就会给血腥压迫农民的行为寻找说辞。众所周知，许多农民在管理社会事务方面不是新手，他们已习惯定期参加公社集会，也能参与地方管理，而且负责组织自己所在的村社团体。他们觉得失去土地可能会导致自己背井离乡、穷困潦倒，使生活动荡不安，使公社制度和个人自由随之消失。他们还意识到，一旦失去土地或不能进行地方管理，就会失去个人自由和早已习以为常的公民身份。

然而，什么也无法阻挡圈地运动的进程。到了 18 世纪，个人私有土地最终还是取代了村社公有的土地。马克思认为，这种取代显然是一场劫掠："在村社中，通过颁布《圈地运动法》（*Bills for inclosures of commons*）进行劫掠，虽然看起来温文尔雅，而实际上则剥夺了人民的土地所有权，[53] 地主通过法令把公有财产据为己有。"一旦被剥夺了属于自己的土地，而且不能再使用村社公有的土地，那些曾以农产品为生的佃户和农民从此就不得不为地主打工，从市场中购买需要的东西，成为日工、雇农或无产者。然而，"从 15 世纪 70 年代到 18 世纪末，农场主暴力侵吞土地的强盗行径和农民的无尽痛苦"后来被人们忘得一干二净："到了 19 世纪，人们已不知道耕种者与公有土地之间曾经的关系。"马克思总结道："侵吞教会财产、非法转让国家财产、掠夺公有土地、以巧取豪夺的方式把封建的和教会的财产变为现代的私有财产、向底层人民发起进攻，所有这些都是资本原始积累的惯用伎俩。用资本主义农业来征服土地，把土地看成是一种资产，拉着手无寸铁又无土地的无产者顺从的手臂，把他们拽到了城市的工业当中。"另外，需要补充的是，这些手段使诞生于 18 世纪末的自由主义的民主遭遇了"拦路虎"。

　　侵占土地的现象断断续续，虽然不是农民介入政治运动的唯一诱因，但至少是其背景。农民运动支持民主思想，主张自治，维护宪法赋予人的基本权利。这些权利的来源多种多样，有的来自《圣经》、神话，有的来自人文主义或哲学思想。虽然社会问题层出不穷，例如税收、文化选择、农产品价格、产品储存、运输的费用以及对竞争的控制，但是，所有问题都关系到农民能否在固定居所的土地上过着满意的生活。压迫农民的人自私而守旧，把农民的需要压缩到最基本的物质需求。他们强调的是自己的身份，而农民追求的则是幸福的生活、共同劳动与农耕之间的有机联系。没有土地就没有了自由，就无法独立，思想就变得平庸，就没有计划可言。马克思解释道，对于工人和农民来说，剥夺了土地所有权不仅从劳作的物质条件上对他们进行限制，而且在精神层面束缚了他们的个性发展，因为在被剥夺了土地的同时，他们也被剥夺了生活的目标、工作的意义、劳动的果实、同胞的陪伴和自治的权利。

▶▷　一个"社会主义"的美国

建国初期，许多美国人谈及农业的所有权问题。后来，工业化进程改变了这一现状：农民被剥夺了土地、地产投机、银行贷款利率提高、铁路运输费用上涨、农产品价格下跌。1867—1896年，所有这些现象致使美国西部地区发生了一场轰轰烈烈的农民运动，几十万人参与其中。[54] 这场农民运动的民主性质很明显，令人震惊，因为在那个时候，人们仍把农民看成一个落后的、守旧的、没有能力参与政治生活的群体。该运动犹如一场三幕喜剧，第一幕是格兰其（Granges）农业保护者协会的成立，从那个时候起，农民工会就在农业历史的长河中留下了浓墨重彩的一笔。尽管后来以失败而告终，但是，格兰其农业保护者协会成立了直营合作社，使农业流通不再受到银行、经销商和农场主的中间盘剥，计划全面开展教育，想把教育引进农场，传播科学知识并促进性别平等，为民主原则的发展做出了巨大的贡献。在 1911 年的选举中，正是在农业最为发达的州，例如堪萨斯州、明尼苏达州和得克萨斯州，支持美式"社会主义"的农民比例最高。

农民的作用不是通过现行的政治制度来讨论民主问题，而在于使民主问题在平淡的日常实践中引起人们的关注。"农民角色的分析"正是著名社会学家西摩·李普赛特（Seymour Lipset）的研究方向。很少有学者认为田园相对于城市能给美国民主更多机会，然而李普赛特就是个例外，他早在撰写博士论文时就已提出了自己的看法。不同于主流观点，他认为美国南北战争之后，人民中最激进的因素来自北美大平原的小麦种植地带，尤其是来自位于加拿大西部的萨斯喀彻温省。[55] 社会党人正是在这个省赢得了选举的胜利，并于 1944—1950 年在整个北美地区组成了由该党一党执掌的政府。农民的激进主义再一次震惊了绝大多数人，包括当时的社会党人。李普赛特这样写道："对于希望保守的农场主继续发展的人来说，社会党政府在萨斯喀彻温省农村地区的存在，令他们感到迷茫而不知所措。"在李普赛特看来，长期以来，植根于农村的乡镇制度已使农民有了强烈的政治意识，而且，农民通过让大家逐渐适应一种民主的社会主义（虽然这种社会主义仍需进一步发展），转变了人们的政治意识。这种转变尽管十分缓慢，但经久不息。那时，自由党人和"正统"社会党人都不希望走社会主义道路，因为这种社会主义是个人自由与社会公平过于"激进的"混合，不利于传统意义上对个人私有和社会公有进行区分，而且，所有的政党得不到认可。李普赛特认为，这种"没有条条框框的社会主义"[56]只会把最好的东西带给社会，他本人在毕生的职业生涯中一直致力于这方面的研究。这位特立独行的社会主义者很注重教育事业（所有农民运动历来都关注教育）、社会保障和土地分配，关注党内的组织模式和政府管理方式。早在他出生的年代，一个由农民合作联盟（简称 CCF）发起的平分土地运动正风起云涌，首次高潮可追溯到 1902 年。农民合作联盟之所以试图制约铁路运输、大型工业化和农业机械化的发展，并不是出于保守，也不是出于对进步的抵触，而是因为其成员深知，自治自理和经济独立将成为这一切的首批牺牲品，而自治自理和经济独立恰恰是他们所看重的。该联盟的成员反对工业化大资本家和集约农业，把下列要素融入了同一个发展模式之中：地方政府的计划方案、团体的生活方式、合作化体系以及自由结社者的独立原则。

李普赛特认为，这种"没有条条框框的社会主义"影响深远，体现了民主农民政党的可行性（广大工人随后加入其中）。正是这个政党打开了进步主义的大门，使激进主义走上了发展的道路，体现了公民政治与个人自由的兼容性："相对于加拿大或其他国家的许多城市社会主义机构，萨斯克彻温省的合作社更加民主，而且更具社会主义性质。"

▶▷　转向"个人"社会主义

有些国家即使不反对公民的自由，但至少反对个体的独立，而个体的独立却恰恰会为道德自由和政治自由增光添彩，这也正是民主的需要。意大利、西班牙、罗马尼亚、波兰和俄罗斯农民的所作所为，在反对个体独立的国家引发了支持民主的运动。"农民社会主义"使宗教信仰、农民一直维护的团结合作体系以及个体的能动性、个人发展与自由结社的民主价值观互为交融，几乎在欧洲各地都出现了相应的实践。1890—1908 年，匈牙利农民在该方面起到了模范带头作用。坚决要求尊重劳动者的权利和民主自由的人，正是这些农民，而不是工人或市民。

农民运动的核心目标就是拥有土地，并且使耕种权得到尊重。1895 年，在匈牙利这个农业国家，贵族和教会拥有的土地大约占可耕地总量的一半，而 300 万农民没有分得一点土地。[57]在这种情况下，国家首先尝试重新改良社会民主党。该党的宗旨是通过废除一切个人的私有土地，使土地归集体所有。从 1869 年起，农民就不再犹豫不决，不再支持集体主义，开始双手赞成把土地平均分配给个人的民主思想。农民与社会民主党因而产生了分裂，一个新政党——社会独立党应运而生。确切地说，社会独立党旨在让党内成员重新获得曾经被剥夺的土地，并且以每三公顷为单位，把土地分成小块。为达成这一目标，他们毁掉了存放在市政厅的地籍册，从领主手中夺回土地，并在这些土地里插上了一些旗帜和各种标杆，通过这些方法重新分割了土地。皮特·阿纳克（Péter Hanák）认为，"这个农民党派是典型的东欧产物，摒弃了政治机构的各种官僚主义形式，昭示着新世界的到来，这个新世界砸烂了一切权力和信仰，提出了党派建设乃至国家建设的新思路，把地方团体与自主管理自由地结合到了一起"。

农民主张的这种社会主义具有反集体主义性质，它建立在平等的概念之上。相对于传统的平均主义，这里所说的平等，早在一个多世纪以前就提出了更加现代的观点，例如：公正和能力的概念。农民所要求的平等并不是地位的平等，而是条件的平等。他们认为，从某种意义上来说，上帝或大自然所规定的永恒真理，并不是所有人都是圣人，都拥有自我意识，并且都能配得上圣人的头衔，而是任何人只有通过能调动积极性、满足精神和物质需要的活动，才能践行自己的信仰。人权更多来自人类社会，而非上帝或大自然，人类社会应确保每个人能够独立糊口、拥有土地并耕种土地："既然维持生命的必需要素——空气、水源和太阳的光热都属于公有财产，那么人类赖以生存的最重要的要素——土地，难道不应属于公有财产吗？"

最近十几年，公有财产的概念再次引起人们的关注，但这一概念并不是刚刚形成的。只有把土地平等地分配给个人，个人才会本着平等的原则使某些财产和服务，尤其是设施、税收、儿童教育和市镇管理团体化，以便成立独立的地方团体。

再者，这里所说的平等指的并不是绝对一致的准则，集体主义是在后者的基础上诞生的：所有一样的需求、一样的来头、一样的条件以及对个性的压制。有人认为，个体会对团体构成威胁，就像乱党会对共和国的统一构成威胁一样。恰恰相反的是，在农民社会主义中，平等表现出一种理想的独立性和多元性。匈牙利农民认为，个体的最初条件越相同，他们就越趋向于多样化发展，

社会也因此而更美好。滋生公平的不是运气平等，而是人们后来
所说的机会平等。实际上，机会的不平等既使每个个体凸显自己
的个性，又导致不同个体间旷日持久的战争，就像托克维尔描述
的"民主时代"那样，一旦人们拥有的机会不平等，竞争、妒忌
和怀疑就会随之愈演愈烈，长此以往，种种欲望就会把个人与他
人隔离开来，就会妨碍个人的经验积累。如果不向他人学习，不
互相交流思想观点，个体的才思就会枯竭，而且会越来越向着人
的共同本性发展，也就是趋同性。因此，一致性、守旧性以及人
与人之间的趋同性并不是条件平等的结果，而是一种欲望的结果，
即想要得到与他人同样多的、相同的东西。在托克维尔的作品中，
这种欲望被称作"对平等的追求"。只要对"强"与"弱"的含义
稍作延伸，下面这段话就能有效地解释两者之间的差异："事实上，
有一种对平等强烈且合理的欲望，激励着所有的人努力使自己变
得强大并赢得他人的尊重，常使弱者向强者的队伍靠拢。有时，
人的心中也有一种对平等的畸形追求，让弱者想把强者拖到自己
的队伍里。这种畸形追求使人们更喜欢奴役中的平等，而不是自
由中的不平等。"[58]

　　对于匈牙利农民来说，把公有土地划分成一块块规模相同的
小块私有土地是理想社会的最高目标。这种方法虽然很常见，表
现出民主性和可持续性，但是马克思不屑一顾，将之视为"颓败
的共产主义"。

▶▷ 巴西卡努杜斯农民战争: 农民对人类多元文明的歌颂

一场农民战争在一个叫卡努杜斯的村庄上演了，电影、文学或历史中相应的介绍使这个村庄声名鹊起。卡努杜斯是一个小村镇，位于巴西贫穷的巴以亚（Bahia）州。战争伊始，全村只有几间破旧的老房子，被一些废弃的耕地围绕着。然而，任何人都没有料到，从 1890 年起，成千上万的一贫如洗的或没有土地的农民从四面八方涌到这里，形成了一个巨大的自治"社群"，共同遵循着公平、虔诚、自由劳作和独立糊口的四大原则。[59] 随后，在千禧年信徒[1]安东尼奥·孔萨尔埃罗（Antônio Conselheiro）神甫的领导下，卡努杜斯在不到两年的时间里就吸引了 35000 人在那里定居，成为当时整个巴西人口最多的地方。作为种族、地理和社会多元化的典范，这个村也是一座真正的巴别城（Babel），汇集了深受剥削的农业从业者、最初生活富裕但后来遭遇破产的农民、卡布罗克和马木留克、[2]美洲印第安人、黄皮肤的黑人后裔、栗色皮肤的黑人后裔、已被释放或仍在逃逸的奴隶、没有土地的印第安人、孑然一身的寡妇、尚未成年的母亲、遭人遗弃的女孩、家世优越的白人和棕色人种、军队和警队的逃兵（后来成了卡努杜斯的战士）、身披兽皮的守卫兵、已经失业或酬劳微薄的日工、佃

---

[1]　千禧年主义是某些基督教派的信仰，认为千禧年的到来并非世界末日，而是一个全人类繁荣的黄金时代，是世界末日来临前的最后一个时代。——译注
[2]　9—16 世纪期间服务于阿拉伯哈里发与阿尤布王朝苏丹的奴隶兵。——译注

农以及各派信徒，等等。

独占土地这个老问题导致了史无前例的人口迁入。19 世纪中叶，在巴西的东北部，可耕地与取水权在绝大多数情况下都属于大地主。他们在耕地上实行谷物单作制，或者独占耕地，然后再租给别人耕种，超过 99% 的农村人口都被剥夺了属于自己的土地。1888 年奴隶制度的废除和次年共和国的成立，并没有使实际情况发生很大变化：这一轮重新分配土地的改革没有得到任何人的真正支持，曾一度停滞不前。一想到数百万个重获自由的奴隶、无依无靠的日工、非法耕地的佃户、流动的劳工、由于 1877 年大旱而不幸被剥夺土地的佃农以及所有遭受剥削且生活颠沛流离的人，竟然能得到这场运动竭力争取的一块属于自己的土地，那些大地主以及政界或经济精英就感到震惊不已。正是在这种情况下，卡努杜斯移民团体应运而生。这场农民运动不像其他农民运动一样崇尚无政府主义，把国家的灭亡作为理想，而是旨在给予所有人土地和耕种权，并以此为原则，制定相应的规章制度，重新组建政府，其最终目标涵盖并整合了所有其他的小目标。如果没有这场运动，卡努杜斯农民的政治词典看上去就会显得缺乏条理，因为在这座村庄，我们既能找到千禧年信仰、民主愿望、天主教信仰以及某些君主制度，也能看到生产合作社、关注所有人健康和教育问题的社会援助制度以及一种互助计划。该计划的目标是发展田间种植，并且修建成千上万间必需的房屋，以便接待源源不断的移民。

许多批评家都赞成简明扼要的解释，但面对卡努杜斯，他们的意见却出现了分歧，而且，他们经常用讽刺的语气来评论这个村庄，可能是因为该村的村民类型以及他们的移居动机五花八门，多种多样。对于某些人来说，卡努杜斯体现出农民身上经久不衰的特征——保守、嗜古、反对共和思想。他们觉得，这些农民或许曾经试图重新建立巴西皇室的政权，而且应该因此被判处死刑；对于另一些人来说，卡努杜斯没有给出任何政治方面的建议，反而只表现出了缺少教养的农民群众身上的野蛮和狂热。直到 1959 年，艾瑞克·霍布斯邦（Eric Hobsbawn）仍然认为，农民可能不仅是"强盗"，还是"无知野蛮的叛乱分子"。很久以前，极力主张公民自由、废除巴西奴隶制的自由主义者吕伊·巴尔博萨·德·奥利维亚（Ruy Barbosa de Oliveria）曾经写道："卡努杜斯只是巴西内地一种精神垃圾的畸形积累，体现了野蛮斗争的残酷、乡巴佬本质的粗暴和目不识丁者的轻信盲从；是劫掠性强盗主义，是违法犯罪，是由于仇恨当政者而产生的斗争意愿，是乡村和城市的社会渣滓，聚集了纨绔子弟、穷困潦倒的人以及军营和苦役监狱里的废物。"[60] 欧克利迪斯·达库尼亚（Euclides da Cunha）曾为卡努杜斯梳理出了最完整的发展历史，甚至连他都表现出一个既不能理解什么是共和，又不能理解什么是君主立宪的农民形象——这种农民精神失常且嬗变，属于落后的种族，长达三个世纪的野蛮和衰落把他的种族与沿海文明隔离了起来。[61] 所有这一切都表明，卡努杜斯农民团体的失败是情理之中的。在政府军发动的四次进攻即将结束时，构成移民村的 5200 间黏土屋舍被炸药摧毁，约 1.5 万名（据莱文统计）到 3 万名居民（据达库尼亚统计）惨遭杀害。

　　但是，我们也注意到另外一个事实：从那以后，独占土地带来的一系列关键问题引发了人们的思考。对农民来说，卡努杜斯成了他们公民身份的宝贵遗产，也成了无地农民民主运动的始祖，直到今天，其社会和政治意义仍然不容小觑。[62]

　　土地平均主义使人得出了一些新的结论。首先，这种平均主义用土地所有权代替了土地耕种权，表现出了一种特殊的平等思想，既不同于个人主义（所有个体生而平等），又不同于普通的平均主义（给予每个人同样的东西），也不同于集体主义，它带来的是极具民主色彩的机会平等，其他理念都没有坚持这一点。其次，从某方面来说，个体平等的观念其实是建立在一个假设之上——假设每个人天生都有一种本性，国家和各种机关应尊重并保护它。从这一观念衍生出的人权观念尽管曾经行之有效，而且现如今依然发挥着作用，却提供不出任何措施来弥补种种切实存在的不平等，然而，这些不平等会影响、有时甚至会完全剥夺某些人的机会。人权观念认为，人们所倡导的平等不仅"无视了不同之处"，而且也无视了一个事实：个人的发展其实需要依靠具体的条件，但许多条件却完全不是单凭个人才智就能创造出来的。机会的平等当然会使不同的个体在法律上得到平等的尊重，但是，也可能为那些最强势或最奸诈的人把土地据为己有、进行土地兼并、不遗余力地剥削农民提供借口。

　　至于平均主义，分配、均等、一致，这三要素能使之更好地运行下去。平均主义适用于团体的建设，就像欧内斯特·勒南

（Ernest Renan）在 1911 年的著作《论国家》（*Discoursàla nation*）中提到的那样，社会中的个体越是通过相同性互相联系，这个社会就会团结得越好。如果所有人都讲同一种语言，有同样的信仰、背景和好恶，都来自同一个民族，情同手足，拥有同样的经历和财产，那么社会和平的概率就会大大地增加。在这种一致性当中，平均主义的实现不再像以往那样，依靠对权利的承认（从那以后，人们就认为该原则是抽象的），而是依靠创造相同的环境。例如，共和理念告诉我们，在学校里要对所有学生进行同样的教育，中午为他们准备一模一样的饭菜，给他们规定完全相同的学习节奏，等等。

最后，再谈一下集体主义吧。集体主义要求社会团体在集体中消除个人的角色，而并不注重为每个个体提供相同的环境。为了发展集体所有权而消灭一切个人的"份额"，这不仅使集体所有权的合理性不容置疑，而且也提出了这样一个假设：社会中的个体越是不突出表现自己，不以对社会有功者自居，而是作为社会的一部分，那么这个社会团体就会越稳定。

因此，平等地享有土地还依靠一些其他的因素。民主思想往往会迷失方向，而探索平等的基础能使我们坚定民主思想。土地的平等并没有假设每个人"天生平等"，而是致力于平等地为大家提供个人发展的环境。这种平等观念没有把先天固然存在的或最终必将出现的人之本性作为前提，而是从人的生存条件出发，使人享受自己居住的地方，并且创造一些能让自己生存下去的途径，尤其是耕种和摄食。土地的平等并不期望社会中人与人之间极度融洽的相处模式，但是使竞争、猜疑和对他人的恐惧都转化成了团结和建设性的社交，本书在第二部分已详细讨论过这一点。同时，土地的平等虽然没有放弃团体的形式，但是设想出了一种新型的团体。在这种团体里，不同的个体在发展过程中不再像无法相处的敌人，而是互帮互助的队友。最后一点，这种平等既不排斥政府，也不再在政府身上进行格外的投入，而是把政府看作一种保障，能够保障人民共享土地和财产，认为如果没有政府作为保障，他人的尊重以及赢得尊重和舒适生活的利器——独立、物质生活、饮食、事业和自治，所有这一切就都无法真正实现。简言之，多个世纪以来，农民一直追求平等地拥有土地，促进了人类文明的多元化，并且使之意义非凡，也证明了这种多元化就像菜园里的作物一样温和、宽容，有利于维护社会的稳定。

▶▷　从圈地运动到全球性占地

　　作为土地侵占的受害者，自古以来，农民就一直在反抗掠夺土地的行为，这种斗争也为他们的政治观打下了基础。由此可见，剥夺土地所有权并不是今天才有的现象。1944 年，乔治·奥威尔（George Orwell）写道，应该把所谓的"土地所有者"视为1600—1850 年圈地运动时的土地掠夺者，要注意的是，这些土地所有者"先是通过武力强行占地，然后再聘用律师，让律师为他们的占地行为进行辩护，并使之合法化"。[63] 起初，他们圈地的规模较小，但是在 2007—2008 年，其规模急剧扩大，以至于就圈地而言，跨国公司的全球占地行为在各国历史中成为一个极其重要的现象。食品价格的短期下跌成了占地的借口。有关在全球范围内进行圈地这一现象的具体名称，人们至今尚未形成统一的说法，怎样称呼则取决于每一个人的不同观点。但是，不管是"农业资产让与"，还是"据为己有""私有化""独占独揽""土地掠夺"，甚至是"商品化"，其特点都是占地者获得土地的方法被合法化了，但毫无民主性可言。从那个时候起，出现土地占据现象的地区大部分都是发展中国家、曾经的殖民地等。在这些国家，绝大部分传统都遭到了严重破坏，农民零零散散，组织杂乱，权力过于集中。

为了发展自己的产业，跨国公司把手伸向团体公有土地，甚至伸向留作生态用途的土地（也就是人们所说的"绿色劫掠"），他们想要控制农产品市场、取水的渠道以及绿色燃料的生产。例如，在天主教反饥饿促发展委员会（CCFD-Terre Solidaire）[1]的刊物上，我们看到了下面这样一段话："在过去的那些岁月，这种现象在全球范围内达到了前所未有的比例……在许多发展中国家，成千上万公顷的土地通过被购买、租赁或让与的形式，从团体农民的手中被夺走了，转而落到了工业性的农企和第三国的手里，或者被当成了投资资金。这些土地曾确保当地居民的糊口营生，而今却被挪为他用，成为农业单作制用地，以生产农产品出口，或生产生物燃料，而且还渐渐用于地产投机。"

美国和英国在占领土地的队伍中"名列前茅"，而非洲和拉

---

[1] 成立于1961年，法国的第一个非政府组织。——译注

丁美洲则在土地被占的队伍中位居前列。世界银行 2011 年公布的一份报告表明，5.6 亿公顷的农业用地曾经被跨国公司，甚至被国家占据。当国家占地时，政府是同谋，后者在国家面前表现得好像自己本来就是土地的所有人一样，完全不顾及当地的生态平衡、生物多样性以及这种交易所影响到的人。通常，这些国家是非殖民化之后的主权国家，其政府拒绝承认人民的土地所有权、惯有权利或祖传权利。国家的法律体系以财产的排他性为原则，无论如何也不愿承认人民的这些权利。不过，如今在通常情况下，公民一般都能够享有这些权利。总之，国家元首利用法律的模糊之处，把所有没有登记的土地（其实也就是大多数土地）据为己有，然后按自己的意愿进行处置，把土地卖出去或者租赁给别人，租期从 25 年到 99 年不等。

在米歇尔·梅莱（Michel Merlet）看来，这里谈及的是全球范围内的圈地运动："这种现象说明农民失去土地，农村的无产阶级发展壮大，因而出现了一些管理穷人的新方法，一种盲目的信仰逐渐被人们所接受。一切就像工业革命以前，或工业革命进程中的英国一样……'原始积累'这个词，我们更习惯将其与早期资本主义制度联系在一起，但是今天，却再一次出现在我们眼前。"[64]以韩国的垄断企业大宇为例，2008 年，该企业宣布与马达加斯加总统达成协议，把 1300 万公顷可耕地（全国土地总量的一半还多）用来种植玉米和油棕榈。[65]我们还发现了在南苏丹的美国企业、在坦桑尼亚的法国人、在巴基斯坦的阿拉伯人、在埃塞俄比亚的印度人、在秘鲁的韩国人……目前，世界上估计约有 2% 的可耕地已被侵占。此外，从现在起，对自然资源的占领也在逐步加剧，而且势不可当。

更确切地说，正是因为目标国不够民主，其他国家才有机会前来占地。当地农民的土地所有权越是不受重视，一些大公司就越有可能把手伸向觊觎已久的成千上万公顷土地。目标国家政治制度的等级越森严、专制独裁的色彩越浓厚，政府就越不会征求农民的意见，农民的知情权和补偿权就越得不到尊重，土地被占据的现象也就会越严重。[66]这种土地交易尽管可能完全合法，但是却非常不公平，许多协议都是强制签订，甚至通过武力被迫签订的，印度尼西亚的苏哈托（Suharto）总统就是一个很好的例子：为了让农民主动抛弃土地、离开家园，他派军队驻扎在农村，通过这种方法为生产棕榈油的公司占地提供便利。

许多学者强调，登峰造极的土地交易是在暗地里进行的，那些可能要背井离乡的农民根本理解不了相关的法律语言。此外，在莫桑比克、埃塞俄比亚、加纳以及其他一些国家，征求民意时，只召集各部落首领谈看法，他们并不一定具有代表性。从表面上看，确实征集过民意，进行过辩论，达成过一些协议，但是，许多农民最终仍然在既没有得到合理的补偿，也没有被征求过意见的情况之下，被迫离开了自己的那片土地。还有一些农民最后被占地的公司所雇用，在剥削性的环境中进行劳作，这属于大种植业的情况。在许多评论家看来，这就属于一种新殖民主义。[67]另外，女性从来不参与谈判；在进行谈判时，游牧民、移民或土著民（印度有许多土著民）也被自动排除在外，甚至不被看作权利的主体，而且被归为这一类的居民通常占有很大比例。上百万村民没有任何证据能证明自己是土地的所有者，甚至无法证明自己的祖辈曾经使用过这片土地。没有对财产进行过合乎法律的登记，缺少承认祖传权利的相关法律体系，这些村民被当成生活在处女地或无主地（这一术语可追溯到法国在马里殖民的时代）上的人。从某种意义上来说，是他们自己擅自占据了未开垦的耕地。

总之，该研究领域的专家米歇尔·梅莱认为，占地的过程是"对全人类的威胁"，可以与全球气候变暖所构成的威胁相提并论："某些人私占耕地，集中地产，损害了广大农民的利益，赶走了无以计数的小生产者，破坏了生态系统，导致气候变暖，对当地造成了巨大影响。这是对当地人民的劫掠，对他们惯有权利的侵犯。而且，这些影响会长期存在下去。"

▶▷　绿色游击队

长期以来，所有致力于获得土地、把土地用于农耕的农民运动，其实都与土地有着特殊的联系。这些农民运动并没有把土地看作一种财产、资本或商品，而是将其看作创造财富的条件。这里所说的财富包括精神财富，例如：个性、自信和勇气。这些精神财富拥护一种民主色彩极为鲜明的文化，在所有人都拥有土地的情况下，让人看到了构建和谐社会的希望。如果不能把土地用于耕种，个体就无法表现自己的个性。因此，农民进行斗争，并不是为了得到土地带给他们的利益和财富，而是为了一种政治模式。该模式能够赋予耕地社会价值和精神价值，而且能够使这两种价值进一步深化。农民运动当然不会忽视土地的经济功能，但同时，也将其经济功能与象征功能、生存功能、团体功能、教育功能（有些农民把一块地当成孩子的园艺工作室），甚至与科学功能（有些农民努力在自给自足的农业模式或农业生态方面进行实验和创新）联系在了一起。建立联系的过程不是一蹴而就的，也没有出现停滞不前的现象。农民并不靠一些合理、合法的权力疏漏，而是用生存权、自主决定权以及自我发展权来为自己的非法行为进行辩护。这三项权利从宗教或异教的教义、自然主义、传统主义等思想宝库中汲取养分，而且近年来，也从主流政治经济、资本主义经济或集体主义经济的失败中吸取了经验与教训。

在哥伦比亚、阿根廷、墨西哥、巴西和欧洲（尤其是在经常发生农民运动的土耳其和波兰），在印度、东南亚和撒哈拉沙漠以南的非洲地区，以及在城市用地侵吞可耕地愈演愈烈或集约化农业单作制登峰造极的发达国家，人们已不再相信全球"无人农业"的神话了。19世纪60年代初，"无人农业"曾被看作一个理想的农业模式，后来，由于屡遭失败，从2000年起就受到了质疑。而且人们还强调，必须承认耕地首要的、根本性的地位，耕地始终是"人的耕地"，是人赖以生存的公共场所，是生命和公民身份的源泉。因此，农民使用的方法并不像敌人的武器装备那样令人胆战心惊，而只是一些措施，有时属于古老的传统，有时则属于彻底的创新。在社会管理与明显带有民主思想的自我管理方面，他们探索着新的政治模式。

这里所指的"社会管理"究竟是哪一种呢？其实，这种"社会管理"既不是团体对个人行为的管理，也不是国家对社会的管理，而是团体成员对团体的最终目标和发展的动力进行管理，要求每位社员管理好与他人的人际交往。这就是许多自由民主的现代思想的基础，"人民的"特性与宪法的或代表的构成成分同等重要。这些思想可能从一些古老的自治形式中得到过启发，总的来说，个体之所以放弃"固有的权利"，是为了从他们的牺牲行为中获取利益。这种利益就是通过形成一股合力来保护他们自己，保证他们得到自己认为需要拥有的财富，例如：和平、健康和教育，当然还有食品安全。然而，无论被当成社会契约的理论是什么，是霍布斯（Hobbes）或洛克（Locke）的理论也好，是卢梭（Rousseau）或其他人的理论也罢，只有当团体成员参与到政府的事务当中，对政府的运行做出贡献，并且为关乎自身的事情出谋划策，那么这种合力才能永远地为团体成员保驾护航。地方自治与中央或国家层面的"高级"管理并不矛盾，能够有效地管理地方事务，而且能让公民在日常生活中，不仅仅是在进行选举的那一天，真正地行使自由——这正是杰弗逊对地方自治所抱有的期盼。

农民所期盼的正是这种自治形式。在巴西、墨西哥、苏门答腊岛、安达卢西亚地区以及其他一些地方，农民致力于满足人的基本需求。政府已无法保证这些基本需求，不再履行自身的建设性职能——保护管辖区内的居民，面对土地的兼并和集中，在自己不是同谋的情况下，感到十分无力，也无法对土地进行再分配。

此外，政府通过允许跨国公司剥夺农民从事农业生产的条件，甚至剥夺其生命，把个人对政务的参与排除在外，实际就等于剥夺了农民作为公民应有的权利，往往也剥夺了其公民的身份。

▶▷　赋予权力与自治

巴西无地农民运动（葡萄牙语简称为 MST）始于 20 世纪 80 年代，这是一场极为重要的运动。这场运动以土地为斗争目标，建立了一个独立的公民社会，成为民主管理的典范，旨在希望以个人之力来发展可持续农业，通过对土地进行小规模的开发，推行一次介于传统与现代之间的大规模的土地改革。在当时的巴西，500 万农民被剥夺了土地，而且奴隶制很晚才被废除，该国成为世界上土地财产集中程度最高的国家之一，大豆、甘蔗、玉米和桉树的工业化种植从未停止扩张。

具体地说，这场斗争旨在获得土地、发展农业和促进教育。具体组织方式是：起初，参与这场运动的家庭先占据一些使用率低甚至已被废弃的，或完全被用作投机的，或被赋予政治威望的农场。这场运动把 35000 多个家庭联合起来（这些家庭的状况最终都有所改善），而且还在自己的营地里另外接收了约 10 万个希望得到一块土地的家庭。像卡努杜斯一样，每个营地的村庄都实行自治和直接代表制。每个"基层核心"大约由 15 个家庭构成，每家选出两名代表，出席村庄与村庄之间的集会，并且参加选举。另外，这些民主机制符合家庭与村庄"核心"之间团结互利的传统：集体管理公共自然资源，如土地、水源和牧场；重新分配生产工具，如种子、农活和农作技能；重新分配产品，包括在市场上售卖的产品、自己消费的产品和作为馈赠的产品，也包括互换的种子、小动物或食物；集体管理诊所和大约1500所学校，好几万农民、孩子和大人在学校里接受扫盲教育。[68]

　　这场运动还有另外一个特点：为得到土地、公平地分配土地而进行斗争的农民，还有那些政治目标与农民相似的新兴的城市园丁，他们试图通过形成一个能够对人的生存环境进行"社会控制"的公民团体，以弥补公民权利的不足。每一次"控制"都会同时涉及市民、农民和每户家庭成员。例如，人们反对市场经济，希望优先发展农产品从田园到餐盘的直接流通，想以这种方式来控制食品的价格，让自己能够买得起；希望控制食品的质量，反对被污染的产品和转基因产品的大量销售和商业流通；希望通过农业生态化的措施来保护环境，用良好的环境来迎接后代子孙；希望通过对种子和植物的挑选来保护种子和植物基因的多样性，反对大型种子贩卖集团的垄断。城里的人想通过团体的农园来控制城市化的发展，加强对公共空间的管理，政府在这方面的管理似乎并不合理。每个人是否能对此进行控制，取决于农民和园丁是否能获得土地。

　　因此，这场运动的实施过程很典型，是自下而上、呈上升状的，民主色彩十分浓厚。林肯认为，民主实际上是一种"人民的政府，依赖于人民，并且为人民服务"，所以，在这种政府中，公民永远享有一种真正的新型权力，并不局限于监督政府以及在事后评论当权者，而是最初先不介入政治权力，随后，当已经付出足够的努力时，在权力的帮助下尝试进行管理和联合。例如，我们可以看到，巴西无地农民运动的参与者构想出一系列措施来保证他们有机会进行创新、巩固决议体系，包括在公权力讨论的过程中也是如此。起初，这些农民先通过非法获得土地，建立一个政治团体，随后，宣称自己得到了当局和公众舆论的承认，已被看作能力出众的社员，总之，宣称自己已被当成公民。他们把共享农业应用于构建社会与政治层面的团体组织，不仅证明农民有能力参与政治事务（这一点在巴西不再行得通，因为巴西的农民总是被轻视，甚至被无视），而且也证明公民身份在平日里越有机会展现（而不是偶尔才体现），越是与职业活动和社交活动有关，并表现出具体的、具有参与性的一面，就会取得越好的效果。

这场运动向往的是独立与自治，与此同时，国际上也开始关注农民和农业的新模式，并进行了相应的援助，致力于促进新模式的发展。从那以后，在没有人向自己征求意见且自己没有做出任何贡献的情况下，欠发达国家的农民拒绝国家强加给他们的模式。三十多年以来，这些农民一直强烈要求人们关注他们对世界的看法，他们的大众经济（在这种经济模式中，市场有时扮演次要的角色）、联合结社、地方管理以及自身社群的多样性。20世纪50年代末，以色列农业专家与非洲的新兴国家制订了合作计划，这是一种发展当地参与者的"自由权"的非集权式合作典范：以色列人转变了自己的农业模式，使之适应当地干旱或半干旱的

气候，尤其注重运用滴灌技术，或者安装某些设备，例如：扎伊
尔[1]的鸡棚、塞内加尔的蜂箱、喀麦隆的温室、乌干达的柑橘果
园，等等。此外，他们还创立了实验农场、地方培训中心和农业
技校。1960—1968 年，21 个非洲国家与以色列外交部国际合作中
心69（MASHAV）签署了一份合约，目的是"通过与其他国家分
享以色列的发展经验，集中精力提高人员和机构的能力，同时提
供技术支持，转变发展方法，采用被证明适应发展中国家需要的、
创新型方式。以色列外交部国际合作中心采取的措施致力于将社
会、经济与环境协调起来，促进可持续发展"。70

　　从那以后，一种观点逐渐深入人心：国际援助应顺应当地农
民的需求（显然，这一原则并非不言而喻），国家间的合作越是
建立在互动和交流的基础上，合作的效果就会越显著。"农村的
发展模式不仅能够持续完善，而且也在'可持续的、人文的'发
展模式中占据中心地位……认清经验、需求、期待和新旧社会结
构的潜力（村庄集会、农民联盟、女性联盟、青年团体），有利
于用一种类似契约的关系代替专制关系，而且还能增加农民的参
与度。"71

　　农民开始享受农业工程师、大学教师和非政府组织给予的那
一点尊重，这种尊重并非源于姗姗来迟的人文精神，而是源于农
民运动。在农民运动中，农民不再把技术的效率和发展带来的经
济利益作为衡量标准（某些西方"专家"甚至把衡量标准当成自

---

[1]　对刚果民主共和国的旧称。——译注

己的研究方向）。那些自上而下的方法效率低下，不仅是因为当地农民不会或不想使用那些生搬硬套的外国农业技术，而是因为方法本身不符合当地地方自治的逻辑。正如吉列尔莫（Guillermou）指出，"最近几十年的经历表明，虽然南北的不平等会持续下去，而且还会不断加剧（尽管新兴国家在全球占据越来越重要的地位），农民却不满足于永远只当个参与者，拒绝这种低下的地位，在对关系到他们自身的利益做决定时，越来越要求表达自己的看法，对自己的未来负责"。[72] 农民参与到了西方的合作政策当中，这种现象在撒哈拉以南的非洲国家，例如塞内加尔和布基纳法索，还有巴西、洪都拉斯和印度尤为突出。1991 年，一场原住民土地运动（Ekta Parishad）在印度发起，这场社会运动旨在把印度国内外那些为了获得土地、得到他人对权利的尊重而奋起斗争的农民团结起来。

最后，从单个地方的团体组织到村庄与村庄间的平台，从通过口耳相传，到利用跨国网络，无论解决土地问题多么复杂，遇到多大困难，对于权力下放式的农业合作政策以及旨在实现地区平衡发展的援助政策（这是有关人员的定义，尤其是曾经被排除在一切民主问询制度之外的女性），人们的看法都有所改变，这在很大程度上要归功于所有发源于地方的农民运动。这些农民运动既没有选择自给自足的经济模式，也没有盲目拒绝一切商品经济，而是充分利用种植者的经验，参与到关乎农民自身的政治纲领当中，为以往普遍缺乏民主的政治纲领注入民主的新鲜血液。

农民运用各种方法寻找一片能用来生活的公共土地，逐渐形成了一个实践性强、意义非凡、成员众多的大家族。全球各地的农民都把共同管理土地和资源当成了一项重要的任务，以团体的形式反抗土地侵占——他们自己正是土地侵占的受害者。这种团体生活既有个人主义倾向，又有社会主义倾向。在他们看来，共同管理的这种形式最适合用来开展大众性的政治活动，为得到公民身份而进行斗争，追求他人对自己的权利的尊重，满足维持生命的饮食需求，并且保障子孙后代的未来。当局政府常常建议他们承认个人的私有产权，但是，在为独立而战斗时，他们并没有采用这个很可能略带阴谋诡计的建议，因为，他们认为个人的私有产权可能会导致团体成员的分裂，最终走向隔离。因此，在马里巴马科的一些郊区，被迫放弃了大量土地的村民成立了一个由200个村庄组成的联盟，通过联盟的形式团结了起来，同时，维护一种多元、共享、由地方管理的农业，以便大家能够互相学习，为传统农业注入新的活力，从而重新确立自己的公民身份。[73] 印度尼西亚中部的农民也同样不信任当局，他们通过一个叫P.T.哈尔达亚（PT Hardaya）的反种植集团，坚决反对扩大油棕榈的种植面积，在提倡把团体公有土地分成个人小块土地的同时，拒绝承认当局提议的个人财产权，不遗余力地推行一些集体性的措施，用来耕种劳作、与人交流、教育孩子、医治病人、收集团体现状的客观信息，从而使团体变得尽可能地具有大众化的特点。

▶▷　　**以耕为战**

占地现象并不仅仅出现在发展中国家，城市区域的扩张和赢利思想的深入也使在发达国家的一些地区，如加利福尼亚州、安达卢西亚地区、朗德省以及许多欧洲国家的首都，都出现了占据可耕地的现象。在这些地区，同样有农民或土地耕种者反对建造商业中心和机场、反对发展单作制农业和工业、反对开发新城区，并且因此发起了运动。在安达卢西亚，许多激进的无地农民反对以追求高产量为首要目标的农业模式，反对土地的集中，提倡通过合作社的形式管理几十公顷土地，共同对这些土地进行生态耕种。索里拉[1]的维也纳年轻农民则成立了一个地方政府，他们占据肥沃的城市土地，一起耕作，为当地的居民提供蔬菜，并且遏制商业区域的扩张。[74]

但是，通过耕种来进行斗争，这一想法最初是在美国萌芽的。从 20 世纪 60 年代起，城市耕种协会和团体耕地逐渐增多，在每个大城市里，都有许多居民小分队纷纷占地，并且把所占的土地变成团体耕地，例如：费城绿色联盟、密尔沃基[2]耕地联盟、旧金山城市耕种者联盟（SLUG），等等。1978 年，许多耕种者通过美国的一个全国性团体耕种平台——美国耕地团体共同体（ACGA），团结起来结成了联盟。我们认为，这一年共有 8000 万美国人在耕

---

[1]　位于马达加斯加上马齐亚特拉区的一个城市化地区。——译注
[2]　位于密歇根湖西岸，是威斯康星州的最大城市和湖港。——译注

种土地。

以耕为战，这种方法当然与浪漫地回归大地、回归自然没有任何关系，其目的是属于社会与政治层面的——在社区、街道和附近地区，重新建设一个属于公民自己的社会，使其成员能够一起面对工业化社会，对抗影响他们生活的危机。现在，公众权力已经不再为安装集体设施提供资金支持，不再负责收集垃圾和废品，也已不再能维护社会的安定。面对公众权力的缺失，或者日后面对房地产的投机行为，这种方法的目的在于赋予社区一个崭新的面貌，使之抵抗上述不利因素，并且希望通过推广一种所有人都能掌握的经验，使饱含自由与民主色彩的参与观念深入人心。这种经验是个人而非私有的；是公共而非集体的。无论是谁，即使是黄发垂髫者也能有效地参与其中，重新成为自己所在城市的主角。另外，这种方法的目的，还在于我们今天所说的"赋权"，因此，城市农耕与对于公民身份，尤其是城市公民身份的思考密切相关，从门前、街道以及个人所在的街区开始，告诉人们究竟应该怎样参与所在城市的管理。就像杰弗逊的农场属于联邦共和国，团体农园也属于大都市。

20世纪70年代，绿色游击队运动在危机中的纽约悄然诞生，这是最著名的农民运动之一。发起人是三十多位生态主义积极分子，其中包括演员丽兹·克里斯蒂（Liz Christy）。该组织的第一个行动是在纽约路边的花坛大面积播种向日葵，在废弃的房屋周围放置休息的长凳；第二个行动是占据空旷荒芜的、废弃无主的，或尚未被占用的土地来进行耕种。[75]但是，绿色游击队最突出的行动当数占据包厘—休斯顿街道（Bowery et Houston）的无主土地。在一年多的时间里，他们把这片土地上的垃圾清理干净，用天然肥料打理出一片沃土，在那里播种劳作，最后，把土地分成了六十份个人小块用地。纽约的第一个团体耕地包厘—休斯顿农园就这样诞生了。这个蓬勃发展、日新月异的运动也因此迈出了第一步。队员们研究了最能适应城市的植物种类，播下了种子，创立了信息中心。这个游击队很快就吸引了一批新成员。短短几年时间，上百个团体耕地在纽约一些落后的街区建立起来，例如下东区[1]、曼哈顿区西区[2]和东哈莱姆区[3]。

在城里获得一片土地是人们的强烈愿望，与在农村地区获得土地的重要意义相比，显然还有另一层意义：这意味着把那些或被用于暴力，或被纯粹用于投机的城市土地，重新用来进行有利于平等、团结和个性发展的社会活动，重新建立起一个大家共同生活的场所。但是，除了重要的经济意义外，就像在农村得到一块土地一样，这场运动其实也为人们过上正常的社会生活创造了环境，尽管我们这个世界的所有一切特征（这里指的是毒品、暴力、犯罪、贫穷、遗弃女性儿童）都与这里的环境背道而驰。[76]

另外，从定义上来说，绿色游击队运动是自下而上开展的。值得注意的是，包厘街农园成为全世界的典范，而从 20 世纪

---

［1］　位于纽约市曼哈顿区沿东河南端一带，是犹太移民聚居地。——译注
［2］　强盗出没之地。——译注
［3］　位于纽约市曼哈顿区，是纽约拉丁美洲人口最多的一个区，治安混杂。——译注

60 年代起，市政府提出的一个类似方案则遭遇了彻底的失败。在方案实施的时候，沿河的居民既没有被征求意见，也没有参与决议的任何过程。几年后，1976 年，纽约房屋保护与开发部门构想的一项菜地迁移计划同样也以失败而告终。尽管该部门承诺市政府就土地问题进行协商，并给予 360 万美元的补助金，然而，耕地还是很快就遭遇人为破坏，[77] 原因是该部门并不是鼓励市里的某项新政策，而只是支持一种与团体耕地计划相悖的方法。这种方法既是家长制的封建管理，也是对公民的某种意义上的鉴定和区分，把"街头群众"和其他"普通公民"排除在外，并且把他们变成了被动的受益者。周围的一些城市很少有共同生活的场所，要逐渐重新建立起这样的场所，就得经历一个必需的过程，而这种方法则绕过了这一过程。团体成员逐渐就什么是公有的、什么是共享的、什么是个人的，就参政的最终目标，就如何尊重并发展这项事业达成了共识，拟定了一份能够巩固团体且不使之僵化的守则。沿河居民质疑市政府的能力，认为市政府在设计和建设耕地的过程中，既没有咨询他们的意见，也没有考虑他们的需求，那么自然就没有能力带来他们想要的东西（例如：游乐场、长椅、树木、平等分割的土地、老年人口街区的树荫、留给狗的空地），[78] 这种质疑言之有理。[78]

根据许多调查和研究（这些研究被当权者的各种创意、国家或地方行政部门的种种计划，还有当权者当选后农民的评论搅得混乱不堪）的预测，糊口问题和城市的耕地化（即在城市化建设和城市格局调整的过程中留出可耕地）可能会成为当权者的群众政策和那些大力推行的鼓励性计划所关注的中心。然而，无论是在全世界，还是在法国国内，事情都没有按照预测的趋势发展。多数时候，就像托德摩登的情形一样，基层的创新才是第一步：只有在一个自由、自愿、宽容、独立的团体里，资本主义农业和政治模式的替代品才会同时出现。例如，在喀麦隆许多城市的郊区，从 20 世纪 90 年代起，人们占领了城市化尚未触及的地带和曾经被贫困的农民抛弃的空地，这种占领具有无政府主义的特征，而且也不合法，但成了更新城市规划模式与土地治理模式的第一步。[79] 绿色城市的构建要归功于在城市里发展种植的"绿色从业者"。此外，由于人数众多而且提出的新想法也很合理，这些"绿色从业者"逐渐要求政治家修订相关计划，并且成立一些机构来宽容、鼓励，最终试图恢复民主农业的发展。

投入了大量的时间和精力，进行了多次调查、会谈和讨论，团体耕地作为群众智慧的结晶呈现在人们眼前，内容与形式很一致。这种一致性使之成为一种能够融入社会并且推动社会发展的工具：宽容的社会塑造了开放的团体耕地形式，而后者又能使社会的开放性得以延续。从各方面来看，城市耕种者的思维都与当权者的思维不一样，后者推崇有关领土治理的、颇具冒险精神的专家政治，[1] 这种政治模式在纽约和一些其他地方颇为深入人心，尤其是在纽约，因为那里的人有这样的思维和逻辑，例如：城市化主义者罗伯·摩斯（Robert Moses），他就是个美国版的奥斯曼

---

[1]　即专家治国论，片面追随所谓"专家"的观点，而往往无视实际情况。——译注

男爵（Haussman），[1]在 1934—1960 年，通过许多带有专制色彩的调整计划来管理自己所负责的城市；还有后来的极端自由主义者鲁道夫·朱利亚尼（Rudolph Guiliani）市长，在很短的时间内毁掉了几十个农园，将农园的土地变卖，热衷于自己觉得有利可图的不动产交易。

耕种并不是占一块土地那么简单，还意味着给思想和社会留出一个空间，让人们能够进行谈判、调查、共同做出决定，向土地使用者征求意见，并且使他们切实参与到城市政策的制定当中。有人批评专家高高在上的态度，批评的同时，也从实践的方法、终极目标和优先因素这三个方面对我们今天所说的"公民政治"进行思考：理想的情况是，市政府并不是在公民提出要求之前就代表他们，而是先通过主动探讨公民的需求或利益，了解他们的要求并且帮助他们塑造公民的身份，最终才代表他们。最后要说的一点是，绿色游击队让一种思想深入人心——公民身份的根本，就在于公民为制订与他们息息相关的计划所做出的真正贡献。"绿拇指"（Green Thumb）这个市政机构曾取代了软弱无力的纽约房屋保护与开发部门，从 1978 年起一直发挥着应有的作用。该机构与耕种者达成一致意见，顺应团体的要求，把市政用地出租给他们，只是象征性地收取少许费用，而且还给他们提供一套软件和一个信息中心，也提供物质和经济支持以及当地的培训服务。

保护公共用地联盟（Neignborhood Open Space Coalition）的成

---

[1]　曾任巴黎市长，对巴黎进行过城市化改造。——译注

员逐渐占据了更多土地。他们召集一些研究员来记录自己的行动，利用法院在全国形成了许多联合会。多亏了这个联盟，人们对绿色游击队的核心理念有了更深的理解。这一理念在社会舆论中大获人心。2000 年，《纽约时报》发表了一篇支持团体农园的文章，反响极大。记者解释道，团体农园并不是"一场单纯的耕种者与投资者、绿色空地与住房建设之间的战争，而似乎是各种不同的意愿之间的冲突"。[80] 记者揭示了这场运动的政治意义，以及后来为争取"城市中的权利"而进行的斗争在社会上所产生的反响。昂利·列斐伏尔（Henri Lefebvre）认为，这种权利意味着"团体里的自由权、个性权、拥有良好居住环境的权利、居住的权利……是劳作权、参与权和所有权；那是能够拥有与他人来往交流的一席之地，拥有一定的生活节奏；那是时间的使用权，是对时间和地点享有的完全的、充分的使用权利"。[81] 这一观点阐明了团体农园的全部意义，常常被其他学者广泛引用。在昂利·列斐伏尔看来，使用价值与交换价值的所有区别在团体耕地中得到了很好的体现：农园是一个用来生活的共享空间，而不是一种管理手段，并不依赖于所谓具有普遍性的而实际上从来没有经过讨论的价值观念，具有"作品"[82] 一样的品质。从理论上来说，公共空间并不属于任何人，生来就把个性与差异拒之门外；私有空间让人无法接近；而团体农园则介于公共空间与私有空间之间，是一个面向大众的地方。

耕者的创新能力跟农民的创新能力一样，很早就在一个政治没有触及的地方站稳了脚跟。如今，我们认为这个地方是一个缺少"参与性民主"的地方。耕者的创新能力并不在于鼓吹无政府主义或国家的灭亡，而是希望能够限制政府。实现这种限制，并不是把政府的功能局限于保障个人的私有权利和固有权利——那是 18 世纪主张社会契约论的政治思想家的观点，而是通过让政府看到更加忠诚地服务于公民时，自身所表现出来的不足之处。公民不再听任政府在没有与他们商讨的情况下，就擅自做出一些新的举措，不再允许政府完全代替群众，也不再任凭政府随意阐释群众的观点和意愿。从那以后，大约有 600 个团体农园先后形成了，两万美国人在农耕区里日复一日地种植蔬菜。

4. 从耕地到民主文化

从田园到菜园，共享农业一直依赖于人们为表现公民身份而采取的种种措施，同时，也对这些措施起到了巩固的作用。这种农业模式符合昂利·列斐伏尔在《空间的产生》中所阐述的观点：团体和个人只有构建出一块属于他们自己的实体空间，并且亲自管理这块空间，才能成为权利的主体和主角。公有土地被分割成了许多小块的个人土地（这种情况十分常见，以至于似乎成了普遍现象），能够高效推广一切有关民主的价值观。这里所说的价值观既包括发展个性，自始至终地传承经验，用身心体会不同的自然现象；也包括共享资源、工具和工作、交流知识、感化、教育和欢迎异乡人。任何一种民主文化都不会对共享农园感到陌生。

公有土地既不是固然存在的，也不是人为创造的，会随着物质条件、可用空间和社会主流习惯的不同而变化，既可以缩小为几乎方米的一隅之地，也可以延伸为当地的整个区域。公有土地来源于对区域的治理，考虑到了该区域内自然现象、人文与个体生命这三者之间的联系，从这种意义上说，是"环境"的产物。我们可以发现，农民在与大自然进行对话的同时，也在统筹和组织与周围的环境以及选定的物种之间的交互。不同层次的交互彼此互相关联，一旦某一层出现失衡，其他层都会立刻受到影响。这种形式的优点就在于能够提供一种快速弥补的机制：农民团结起来可以暂时应对气候灾害，推广适应当地环境的种子和植物有利于作物的生长，农业科学能够完善实践技能；反之亦然，实践者同样也是理论家，作物的互补性以及对作物的重新认识，使农民不再受制于让他们不堪重负的国际食品市场规则……

　　但是，总的来说，共享土地乃至更广范围的全部耕地，都与这种理想状态背道而驰。耕地与环境密切相关，两者之间存在着必然联系，而且耕地本身也构成了一个交互性的环境，集中了一切对行为活动、需求的满足以及共享经验的多元的有利条件，如果没有这些条件，个体就会陷入封闭自守。可以说，那些占地、投资共享土地、在城市用地或建筑用地上播种的农民，不只是单纯地开辟了一片空间，更是打造了一些特殊的环境或地点——绿色生活之地、劳作之地、驻足或相遇之地、避难或教育之地。这些地点都在同一时间呈现在人们的面前。

　　地点不同于空间，地点指我们行动的地方，指我们为了改进对土地的使用或者完善已有的观点，而能够做出改变的地方。[1] 至于"公共地点"，这一概念相对于"公共空间"，就如同个性相对于团体、差异相对于统一、社会性相对于空间性、被各种形式的建筑物（例如长椅、修剪好的园林、树木、分散的雕像等）填充的小型空间相对于完全暴露的大型空地（例如奥斯曼男爵为了便于管理法国的城市而在市里留出空地，或者一些国家的集会广场）一样。公共空间就像一个富有体验、个性与活力的宝库，促使人们做出各种各样的行为，而公共地点则会控制和统一人们的种种行为。公共空间的形成并不依赖于整合叠加或一味堆砌各种现象或活动，而是依靠它们之间的相互协调。

共享土地是完全属于团体的土地，因此，我们可能会对财产产生一些新的思考。首先，这让我们想到了关于市镇地产（拉丁语为 rescommunes，英语为 commons）的旧制度。根据这种制度，土地由公众权力（君主、领主、教会、市政府、地区和国家）管理，许多权贵在土地上行使权力。但是，我们在这里所说的"市镇地产"，指的是一块用来农耕的土地，而不是一块荒地，不同于以往所谓的"市镇地产"——那些农民用来捡拾木头、放猪或采集食物的空地。与沙滩、天然公园或垂钓区域的市镇地产不同，土地只有在被耕种的时候，才是一种资源。

尽管市镇地产与共享土地有不同之处，但就整体而言，前者的特点在某种程度上也适用于后者。埃莉诺·奥斯特罗姆把共享土地定义为一种非排他性的财产，认为这种土地虽然无法被个人占有，但是却具有竞争性，因为一些人的使用会影响甚至完全妨碍其他人。人们越是想从无须付出任何代价的资源中获取最大的好处，这种失衡似乎就越是无法避免。众所周知，大力进行集约式垂钓会把整个公共垂钓区的鱼赶尽杀绝。

以下这几条规律也同样适用于共享土地。首先，某些资源可能会因为个别人的攫取而消失殆尽，但是我们也要知道，个人的那一小块土地不应只有根茎、花粉、化学产品、昆虫、种子和水，等等，在消灭破坏者或寄生者的斗争中，"陪伴型的"植物同样不可或缺。耕种者不能忽视的是，自己那一小块地里某些坏掉的植物或某些疾病可能会影响到其他人。无论是生产、消费还是共享，无论是在当地还是在更为广泛的区域内，每个耕种者都应使自己的耕种活动与他人相协调，并且与农耕所依赖的生态系统相适应。因此，只有大家共同耕种土地，这片土地才是公有的。

其次，共享土地享有公有财产的地位。一方面，虽然共享土地可以被分割成许多个人独自耕种的小块土地，但是某些土地仍然归大家公有，某些资源仍然归团体公有，例如：水源、工具和劳作手段；另一方面，共享土地的水果、种子、知识和经验等，能在团体成员之间进行分配，或者送给团体以外的其他人。

最后，根据皮埃尔·达多特（Pierre Dardot）和克里斯蒂安·拉瓦尔（Christian Laval）的观点，也就是从"政治原则"的角度来看，共享土地是所有人的共同财产。我们也应依据这个原则，打造市镇地产，并且将其作为人的一种依靠，使之不断发展，焕发出新的活力。[2] 该原则与我们所说的自治相辅相成，农民或耕种者正是通过自治的形式来培养兴趣，制订共同的计划，进行集体管理，一起做出决定，简言之，实现自我管理和无主而治。

达多特和拉瓦尔指出，公有财产并非固然的存在，而要依赖于一个政治进程。在该进程中，它逐渐得到了团体成员的承认，而且成为团体的一项制度。目前，这一进程还处于中间阶段。我们可以用三个词语（而不只是两个）来描述耕地：作为人类社会本质的一部分，耕地对人类社会必不可少，从这种意义上说，耕地是一种自然资产；但是，既然耕地已被人类活动改变了，那么同时也就成了一种文化和历史资产。从政治角度来看，承认耕地的双重地位至关重要。仅仅根据最初让与土地的行为，或者对自然的"整体规划"，就认为土地的公共性可能与生俱来，这肯定不是一种非常明智的观点；而且，这种观点可能会为在这片土地上扎根的想法和某种归属感提供借口，所以，更显得缺乏理智。但是，农耕地却是一种特殊的情况，因为耕种者必须承认这块土地的正当需求、农耕将产生的必然结果以及农耕活动的特殊节奏，总之，必须承认一些现实。农园或共享土地（我们在这里为了方便，暂且称之为共享土地）符合可耕地与农耕地、农业文化与社员的政治文化，以及自然现象与历史文化现象之间具体的、确切的交互。

因此，团体土地使得下列三者形成了密切的联系：具体的实践措施（在不耗尽土地养分的情况下耕作土地）、共享式的管理模式（制定公共土地的使用规则）以及参与者对团体财产的认可（团体财产一部分被分配给个人，另一部分则被集中起来）。这样一来，总会有一些团体土地可以留给他人，尤其是留给后代。

▶▷　一个全新的政治理念

　　农耕能够改进人们的政治行为，而且能够使人们更好地团结起来，对于构建新的政治模式、进行新的社会实验一直具有重要的影响。但在以前，这一点却常常被人们忽视，甚至不为人所知。如今，人们已越来越认真地看待这一影响。墨西哥维拉克鲁斯州的管理者阿达尔韦托·特黑达（Adalberto Tejeda）作为先驱，从1928年起就宣称，能够给穷人和无地农民一小块土地的土地改革将成为"墨西哥社会变化和经济发展的根基，而且也将成为使墨西哥社会完全实现民主化的最佳方法"。[3] 1928—1932年，他曾经试图在维拉克鲁斯，首先通过把属于市政府的大片土地分成小块，分配给个人或家庭，其次借助最具"参与性"的民主形式——定期举行全体大会、所有人直接参与决定、保持代表者与被代表者的紧密联系、对权力进行严格的划分，并成立一个独立的地方政府，从而构建起一个具体的理想社会。尽管这项计划没有被想要结束土地改革的墨西哥政府所接受，以失败而告终，但是其思想依然迸发出活力：把公有土地分成个人小块土地将会成为实现公平民主的社会、经济和文化基础。

　　近年来，我们一直与昔日的特黑达持有相同观点，认为农民以前原本也可以像现在一样，不仅能在农业与食品领域提出一些有利于可持续发展的生态措施，而且也能在政治管理方面构思出一些新的模式。他们可能会在反饥饿斗争、生态、[4] 教育、土地治理、跨文化交流和社会管理这些方面成为"新的发言人"。相关人员认为，农民进行创新，本质上是一种政治行为（例如：托德摩登[1]的创建者，声称通过种植蔬菜来开展一场革命），某些学者、政客、社会科学研究员或记者，也为农民的政治理念归纳了一些特征。这次的归纳比以往更明确、更具有真情实感。我们可以看到，通过把参与政治的权利还给普通公民，农民运动对于重振民主思想做出了巨大贡献。通过重新把政治重心放在联合街头的群众，或者更确切地说，联合田间大众，农民再次投身到参与中——参与正是民主实践中最重要的因素。

　　因此，我们需要对政治行为重新进行定位。如果觉得人民在国际关系或全球经济政策这种复杂遥远的事务中迅速切实地参与管理看似是空想，那么个人定期地甚至每天参与政策的创新以及与日常事宜相关的决议，不仅是很有可能的，而且也为更广泛地参与管理打下了基础。杜威（Dewey）希望把学校的教室变成一个民主的团体。因为如果人们待在这样的教室里，首先会比待在一所专制的学校里能够更好地投入到学习中；其次，通过重复练习，可能也会了解一些能够表现公民身份的实践活动。从以上这些实际角度看待农民运动，有利于理解那些真正实现个人参与、赋予民主意义的机制和要素。

　　在这种情况下，我们得出的第一个结论可能是，某些斗争旨在夺取权力、获得至高无上的领导地位，崇尚君主制，关注那些

---

[1]　英格兰的一个城镇与民政教区，距曼彻斯特 17 英里。——译注

至关重要的、快速有效的甚至暴力肆虐的行为。然而，我们最终并没有只把这样的斗争看作政治，更没有认为只有这样的斗争才配被叫作政治，而是承认，一项真正的政治活动伴随着一些最平常的、最普通的行为，而且还赋予这些行为一种特殊的意义——人类作为一种政治动物，亚里士多德曾给他们的生命赋予了特殊的意义。

地方政府对"小事和怪事"进行日常的管理。在这一过程中，政治的目标就会实现。这是一个老生常谈的观点，因为正是在这种管理中，个体逐渐开始追求自由与独立。托克维尔写下了一段非常关键的话："在细节方面奴役人民尤为危险。就我本人来说，就小事中的自由与大事中的自由而言，如果缺少了一个就永远不能保证得到另一个，而我更倾向于相信前者比后者更加重要……自决权（选择中央权力的代表）的行使如此重要，但行使的过程却如此短暂，人们也很少有机会去真正行使这种权利，而且，行使自决权并不能防止他们（公民）逐渐丧失思考、感知和自主行动的能力，这样一来，也就自然无法防止他们的能力逐渐退化到人的正常水平之下。"[5] 亚里士多德则把人定义为"政治动物"，这一定义也有相似的意义，并不是说人被任命担任一些高级的职务，而是想表明他们在生活的细节里参与政务管理。从家庭内部到整个城市，人们一直在围绕各种团体展开讨论，对这些团体进行完善，提供帮助，真正地参与其中，并且利用语言和智慧（该词对应的是希腊语中的"理性"一词），就不同团体共处的方式与未来达成一致：正是这些做法给生活增添了许多人文的气息。

　　因此，对于农民或耕种者组成的团体，研究其政治行为能够赋予"日常政治"这一概念以现代意义，有利于重新阐述民主政治的条件。贝内特·J.T.凯尔克维里埃（Benedict J.Tria Kerkvliet）建议把农民团体看成一种能够对日常政治进行分析的团体模式，他把日常政治与传统政治区分开来，认为后者具有两个特征：一是领导者行使政治权力，二是公民社会要求追回中央权力。他认为，这种观点能够"帮助我们发现并理解人们的政治观念，分析日常政治对政治生活中其他方面的影响"。[6]以东南亚现代的农民团体为例，贝内特指出，农民的日常政治远非局限于对公众权力和政治权威的抵抗，以及与这两者的对立，而是走上了自治之路。

　　农民组织依赖于个人的主动参与，不仅是实现民主的典型途径，也是民主文化的典范：地方政府的政治行为，例如提议或答复，总是与利益和需求联系在一起，在农民探索土地的过程中表现得淋漓尽致。自由主义传统把社会扔进了一个"自动"的逻辑中，声称这种逻辑能够满足个体对经济和社会的需求；专制的国家声称要通过监督与控制，管理个人生活中的方方面面和每时每刻；而农民政府与这两者不同，能够适应实际情况，并对实际问题做出回应，就像肥沃富饶的耕地生而为回馈其耕种者一样。农民政府建立在团结一致与互相帮助的关系之上，认同这些关系，并且鼓励这些关系进一步发展：对农民自身与土地、耕作以及果实分配的关系进行管理，也就是对健康、教育、财富分配、公私财产以及资料收集进行管理，说到底，其实相当于对科学进行管理。

▶▷　农业是科学的经验

　　农民团体与农民政府能够突出体现现行政治制度的优缺点，其意义或许并不仅仅局限于以上提到的内容。农民政治的模式也有利于发展生态农业；有利于通过收集和清点农产品以及在全球范围内交换种子，保护生物的多样性；有利于为各种活动重新提供一个崭新的平台，该平台虽然界限明确，但对外部开放，兼具全球性与地区性，在之前的论述中，只是作为一个建议出现。最终我们将会发现，这种政治模式适用于一个基本现象——我们可以将其总结为农业科学现象。关于人与地的关系，浪漫的人把定居看作扎根，鄙视农民的人则把农民当成一种善于盘算或非常愚蠢的、自私的生物，而农耕政策却与这两种观点都保持着最大的距离。此外，这种组织方式也对一些价值观念进行了思考，例如：科学精神的培育、传承与发展，自由主义民主尽管并没有时刻遵循这些价值观念，但是将其放在了首要位置。倘若没有这些价值观念，个性、自由、传承以及政治参与，都将只是些苍白无力的词语。

　　有证据表明，从铁器时代，即公元 3000 年末起，人们就已经会利用矿物或有机产品使土地变得肥沃，交替种植豆科植物与谷物，记录下所了解的知识，并将其传承给后代。前不久，有人发现，一万两百年前，加利利[1]的农民就已经会合理地种植蚕豆了，

---

[1]　巴勒斯坦北部的一个地区。——译注

他们了解蚕豆的营养价值（富含蛋白质），知道该如何储藏、晾晒和挑选蚕豆。以上推论的证据是在当地找到的 469 颗大小一致的种子。人们通常认为，以狩猎和采摘椰果为生的人，比以种植为生的人出现得更早，然而，如今发现的这一切，都对这种观点和随之而生的反农民的政治意识形态提出了质疑。[7]一直以来，不同于许多人已有的观点，农业其实并非依赖于农民的农作技术、天生的农耕意识、无意识中鲁莽轻率的习惯或者未经考验的传统，而是依靠耐心积累的渊博学识、凸显注意力和观察力的做事方法、复杂的口头与书面传承体系以及对年轻人的训练。[8]从古至今，农业总是依赖于许多农学论著，种植者有时也是这些论著的作者，而且这两种身份往往相得益彰，因为他们会把书中的教导付诸实践，对其进行检验、校正、补充与完善。在全球各地，在灌溉、径流水回收、土地休耕、施肥、种子挑选以及种子疾病预防这些方面，农业总是离不开观察、实验与传承。

　　耕作与农耕知识的必要结合，其实也就是农业与农学的必要结合，需要一个实践与理论相结合的社会组织（尽管从那时起，耕作就经常脱离农耕知识）。这种结合尽管以前曾经实现过，但是那时却并没有得到乡村历史学家或政治社会学家明确的认可，如今，已经不可能再次实现了，只能是一种理想的状况。[9]然而，一个社会只有消除了思想与行动的隔阂，才会成为一个民主的社会。通过继承他人的知识，并且将其运用到自己的那块田地或菜园里，耕种者检验他所掌握的知识，根据土地与气候的变化，调整已有的认知，最终完善自己的知识体系。因此，他始终能够控制自己所从事的活动，并且进行创新，完全参与到了农民或耕种者的团体当中，广言之，无论是在当下还是在未来，都是人类社会真正的参与者。

与上述情况相反，如果农民和被看作伪科学的农业知识备受鄙视，那么处在这种大环境下，在教士的讲坛上、在资产阶级和贵族的宫殿里、在沙龙、国家高等院校或政府部门中，农学只会一味排他性地自吹自捧。自18世纪法国的农民运动以来，法国的农学就一直如此。农民不再是探索者，而沦落为执行者。他们越是顺从而勤勉地把学究提出的新想法付诸实践，人们就越会认为他们的工作完成得出色。至于农业，其性质也已改变——产量的提高与产品的商业化变得比其他一切问题，包括卫生和饮食，都更加重要。

19世纪四五十年代，农业科学靠以下两个因素在美国和法国悄然兴起：一是化学如日中天。许多企业家、部长和农业工程师为了使农业的产量更高、实力更强、利润更大，在农业中使用化学技术，利益可观的肥料贸易很快就被垄断。在公众权力的影响下，农民一下子遭受了巨大的打击。二是对自然和人进行全面的控制成了人们最大的心愿，这成为一种普遍的想法。如果没有这种想法，前一种情况也就不可能出现。

19世纪60年代末，法国的路易·格兰都（Louis Grandeau）引进了德国的农业合作社模式，这件事具有标志性的意义。在他看来，必须系统地使用肥料，从而转变农业模式，然而，许多农民对此持反对态度。路易·格兰都指出，尽管少数耕种者具有现代特征，思想开放，才智聪颖，能够适应社会必要的现代化进程，但是，大多数农民仍然没有掌握足够的文化知识，目光短浅，甚至看不清自己的利益，反对改变与进步。因此，需要强迫农民把新的科学方法应用到农田中，并且迫使他们遵守规章制度，这就是农业合作社的领导人和日后开明农学的任务——反对陈规，进行农业实践，传播新兴的农业科学："农学家提出的新观点通过贬低农民来维护专家的地位，一种新的农业体系也因此而诞生。在这种体系中，我们不仅能看到农学家和他们的学识，还能看到他们的需求、利益和思维方式，似乎有了这个农业体系就可以宣称，到了19世纪末，法国集约农业的某些基本理念已被人们抛弃了。"[10] 其实，自法国大革命以来，国家就一直在剥夺农民从事劳作的条件，通过这种方法，在政治上排挤农民。

苏联集体农庄和前面提到的纳粹农业合作社，这两种管理形式都只教给农民最基础的本领，就像工厂里的机器教给工人最基本的技能一样。在守旧主义或陈规旧习中，农民的某些简单技能受到了很大的束缚。这些技能究竟靠什么来与理性的农业科学进行系统的区分呢？这种区分又会导致怎样的结果呢？对于这些问题，上述管理形式给出了清晰的答案。农学从经验走向了专业，然而，无论我们去思考科学论证的本质、探索科学化团体的组织形式，还是研究思考结果的具体实践情况，从定义上来看，专家的方法都与民主的方法截然不同。农民的贡献随着专家方法的出现而被掩盖，人们一直在探索使个人主义与社会主义保持平衡的方法，在探索的过程中，一些政治制度应运而生。但是如今，这些政治制度、滋生农民贡献的土壤、当然还有打理好一方土地的义务，也都随之消失。总之，作为经验的农业已不复存在。

目前，古生物学、社会人类学的研究或内因发展学的研究（该学科依赖于所研究的社会当地资源）表明，农民曾经一度是农学的继承者，对农学就像对其他任何一门科学一样，做出了巨大的贡献。借用加布里埃尔·塔尔德（Gabriel Tarde）的话说，他们是"首创者"，是"发明家"。要理解这一点，我们就必须要追溯到古代。从新石器时代或者人刚刚将科学与农业建立紧密联系的那个时候，随着生活环境的改善，农民不断向其他民族学习，引进了新鲜事物并加以完善，想方设法掌握知识，拓展知识面，并且将知识传递给子孙后代。

"农民所运用的农学技巧、方法和策略，究竟属于全凭经验积累起来的技能，还是故意进行的实验或已有的知识呢？"谈到这个问题，雅克·卡普拉（Jacques Caplat）认为，区分以上几个概念并没有什么意义，因为农学这门新兴科学追求客观与理智，而以上概念都能淋漓尽致地体现农学的这一政治目标。1750年，人们创造出了"农学"这个术语，以便从那时起，将理性农业与该领域的陈规旧习乃至落后思想进行合理区分。在农学领域，人们所做的第一件事情就是废除休耕地和共同的放牧场，这两者被看作僵化式农业的产物。[11] 法国的农学先是在蒂尔戈（Turgot）等行政管理人员的推动下有所发展，随后，在一些文人或农业工程师，例如奥立维尔·德赛尔（Olivier de Serre）、安东尼奥·帕蒙蒂耶

（Antoine Parmentier）、塞泽尔·尼维埃尔（Césaire Nivière）、马修·德东巴斯勒（Mathieu de Dombasle）等，以及大多数 20 世纪农学家 [12] 的支持下进一步发展。正是由于这门科学，农民的地位迅速下降，他们沦为农学的附属者，他们的知识也被归为常规化、程式化、固定化的简单技能，人们认为这些技能或多或少具有自觉性，因此既无法表述，也无法传承。

　　然而，就像得墨忒尔（Demeter）[1] 把农耕的艺术传承给特里普托勒摩斯（Triptolème），[2] 后者接下来又传承给所有希腊人一样，"农民进行实验，并且传承农业技能"，世界各国的农民都证实了这一点。当农民的传统农业没有被西方农业工程师的经验农学破坏时，传统农业能够把 5—15 种种植方法结合起来，准备合适的土壤，挑选种子，把外来作物纳入自己的种植体系。近年来，各种农业方法取长补短，许多农学专家进行了卓有成效的交流，这些都见证了农学的发展。发展中国家的农民和生态农业的从业者调整了自己所采用的农业方法，而西方传统的农学专家则越来越倾向于研究古老的农业方法，希望从中汲取一些现代化的科学知识，以便巩固从外国借鉴的方法。

　　从农业科学的专业程度和积极层面来看，尽管农民科学只能处在其对立面，只能是一门经验性的科学，但生态农业的农耕方法已不再与农业科学格格不入，因为正如阿尔铁里（Altieri）所说，

---

[1]　掌管农业、结婚与丰饶的女神。——译注
[2]　古希腊埃莱夫西纳城信奉的半人半神英雄。传说有两位女神把谷穗献给了特里普托勒摩斯并教他种植谷物，后来他将谷穗传播到了全球。——译注

"这种农耕方法不再担心农民的逻辑思维，而是靠传统的知识构建一套特有的方法，把传统知识与现代农业科学结合起来。因此，农学朝着不同知识间的对话方向发展了"。[13] 当地新一代的农业工程师也证实了这一点。他们结合各种知识、各种植物以及知识传递的各种手段，最终探索出了全新的农业方法。[14]

随着生态农业的崛起、生态思想的传播以及互联网的普及，农民科学与专家科学的界限逐渐模糊了，这其实促进了两者之间的合作。许多法国人都可以证明这一点。例如，四十多年以来一直与国家农业研究院合作的布列塔尼的小种植户安德烈·波雄（André Pochon），还有贝努瓦·彼都（Benoît Biteau）、皮埃尔·拉比（Pierre Rabhi）、约瑟·普塞（Joseph Pousset）以及其他许多研究农学的农民。[15] 雅克·卡普拉写道："我们应该承认，是农民创造了知识。与印度、印度支那半岛、非洲、中美或南美的农业团体一起劳作的农民，还有欧洲的许多农学家和生态种植者都可以证明这一点。农民观察某些现象，试图在做出假设的基础上重新解释这些现象，并且完全使用论证的方法，探索这些现象的规律和机制。通过这种方法获得的知识能够有效地传承下去，这种传承通常以口头的形式进行，但是可以日积月累，而且涉及的知识面很广。"诚然，"科学"能够帮助人们建立起一个普遍的"理论"——一个许多现象都遵循的、符合自然规律的普遍规则，而在经验与实践中发展起来的农业科学却没有这一功能。但是，正如巴歇拉尔（Bachelard）所说，这一观点属于形而上学的时代，属于蒙昧的时代，在植物学、生物学、农学和医学这些人们很感兴趣的而且算是对自然进行实验的领域早已过时了。

农学一个突出的特点就是对作物的选择性种植，以往在各地都有相关的案例，尤其是在印度、中美和南美。对于进行绿色种植的农民和研究绿色农业的科学家来说，这也是一个新发现。一万多年以来，农民就已经知道要让作物适应当地的风土，把物种留存下来，对不同的作物进行杂交，收集那些自己觉得最漂亮或最有趣的种子，然后将其继续保存下来，与其他人交换，或者等到来年再播种下去。

选择性种植带来了一些重要的政治问题。挑选的标准是什么？挑选带来了怎样的结果？以产量为首要目标的农业与注重实验的农业形成了鲜明的对比：从19世纪40年代起，奉行前一种农业模式的农民一直试图净化后代作物，统一不同的个体，想要迫使种子遵循科学所规定的标准。而那些农民调查者（最早可上溯到蒙昧时代）则恰恰相反，他们关注生物的多样性、保护物种的多样化、调整耕作方法，以避免某些基因在后代作物中逐渐消失。

从政治角度来看，我们必须注意到，打造纯种的后代作物不仅关系到物种本身，而且也关系到人种。从19世纪40年代起，许多科学家一直担心物种的衰退与没落，纯种的后代作物令他们头疼不已。那时，人们对待种子的态度与对待人种的态度如出一辙，在自然主义的同一种话语和同一个意识形态的启发下，确立了一项既适用于种子也适用于人种的政策。法国威马种子公司的皮埃尔·路易·弗朗索瓦·乐维克（Pierre Louis François Levêque）

就采用了阿瑟·德·戈平瑙（Arthur de Gobineau）对待人种的态度来对待种子。皮埃尔·路易·弗朗索瓦·乐维克于 1816 年出生，曾在 1856 年出版《甜菜新品种栽培记录及对植物遗传性的思考》，于 1860 年逝世；而阿瑟·德·戈平瑙在同一时期出生，曾在 1853 年出版《人种不平等论》，该作品成了国家种族主义和纳粹党意识形态的思想来源。

多样性体现了农民的民主倾向，也对环境保护起到了积极作用。农民竭尽全力保留尚存的物种，同时，重新确立起了一个有利于作物多样性的自然进程，正是作物的多样性保障了他们的饮食质量。农民一直都这样做，尤其是从人类的饮食状况加速恶化以来（由于实行农业单作制，对种子的基因进行控制，还有某些大型集团——例如孟山都、拜耳和先正达——垄断农业用种），更是对此越加重视。因此，耕作土地与保护土地再次双管齐下。

在团体内部，对"农业用种"的不同定义使公民式、农学家式和继承人式的农民之间建立起了联系。"农业种子组织"这个成立于 2004 年的重要组织提出了如下倡议："我们致力于推行多样化的农业模式，让农民能够挑选种子，进行二次播种，并且在田园里继续发展多样化的作物种植，使作物适应农业、饮食和文化的需要，或者适应气候的变化。我们认为，从事这些活动是每位农民和每位耕种者永远的权利，我们应该共同管理农民先辈经过几千年劳作而留下的基因遗产。"[16] 这个定义清楚地表明，"过时的多样性""因循守旧""沉溺于过去""天然的种子"或"原始的种子"等表达方式是不恰当的，因为继续发展种植并且保持多样性，既要慎重地利用前辈的劳动成果（而不能"尊重"所谓的初始状态），也要运用一些其他方法，以便适应新的需要。埃里克·莫拉尔（Eric Mollard）和安妮·沃尔特（Annie Walter）认为，多样性种植依靠个体的理性，这种理性从未与集体的理性混为一谈，后者尽管有时略带强制性，但却能够为个体的理性提供精神养分。我们提到的每个农业体系（例如，突尼斯的泻湖或大洋洲的坑园），都同时体现了个人的发明创新和公民的共同习惯，也展示了一些保持水土的复杂措施，"表现了当地农民的进取精神，展示了他们所掌握的技能的实际用途，能够逐渐适应农民所熟悉的发展过程，而且表现出了农村的创新精神，尽管人们常常认为农村的发展停滞不前。总之，（每种农业体系）谈论的都是那些几千年以来勤勤恳恳的耕种者，他们有义务为自己和他人生产人类赖以为生的粮食作物"。[17] 因此，这种农业体系属于一门实验性的科学，而不是·个泛泛而谈的理论。在宏观的理论中，其规则可能要么与按规则行事所产生的结果完全不符，要么与事实相背离，而事实可能将永远只能充当事后的解释说明。

农耕与实验方法的发展有着密切联系，人们在很久以前就已经开始探讨这一问题。同时，人们也会谈到追求进步的农民和富有教育意义的农园、个人经验体现出来的个性，或者谈到靠分享和共享知识的城市农园式社交。这种联系也表现为美国的农民对独立的向往，或者城市里的耕种者对社会的重新建构，显然，无论是美国的农民还是城市里的耕种者，他们的新观点都得益于观察方法和自然科学的发展，后者在时间上距今更近。实验型农民的形象与以下这些人物形象非常相似：《一位美国种植者的书信》中的圣约翰·德·克雷夫科尔（St John de Crèvecoeur）；把自己的哲学协会用来传播农业科学的本杰明·富兰克林（Benjamin Franklin）；珍惜时间的约翰·亚当斯（John Adams），他在给妻子的一封信中写道，所有没有待在农场里进行研究的时间都被荒废掉了；还有痴迷于作物的托马斯·杰斐逊（Thomas Jefferson），他在旅行的途中冒着失去自由的危险，偷偷把一些植株装到口袋里带走。[18]

　　高尚的原始农民已不复存在，回归原始自然的浪漫梦幻再次破灭了。对后代作物的纯种程度纠缠不休，相信世界会回到初始状态，在农业领域这样做会破坏生态系统，在人类社会中这样做则会危害民主。高雅型、生态型或环保型的农业并不是一种倒退，哪怕是那些依靠土壤的天然肥沃程度、最为人熟知的农业技术、最为激烈地反对任何投入的农业技术、干预性最弱的农业技术，都依赖于一些适度的间接干预。例如，通过生产植株汁液消灭寄生虫，仔细地准备混合肥料，实行轮作制度，充分利用手工业行会和不同作物的耕种协会（玉米和青豆的混合种植协会名声显赫）来了解深根植物的作用，耐心、细致地观察生态系统，根据土壤和气候调整水土保持的方法，合理地利用互利共生的动物，生产各种农业用种（这些种子并非来自被鉴定为纯种的作物）……于是，1920 年前后，鲁道夫·斯坦纳（Rudolph Steiner）提出了有关生物动态学农业的一些观点；20 世纪 70 年代，澳大利亚的比尔·莫里森（Bill Mollison）和大卫·霍姆格伦（David Holmgren）创立了朴门永续农业模式；[1]《一根稻草的革命》的作者，日本的福冈正信（Masanobu Fukuoka）开创了自然农业；随后，土地休耕法和绿色集约型微观农业也相继出现。

　　但是，如果说从政治和生态的角度来看，回归自然的梦想令人生畏，那么认为人类必将成为自然的敌对者或破坏者，这种想法也同样非常可怕。根据民主文化的观点，人类既不是大自然的一个内在组成部分，并不能自然而然地与其和谐相处，也不是大自然的主宰者。阿恩·内斯（Arne Naess）效仿杜威曾经的做法，给人们指出了一条正确的道路——我们只需明确，环境与生物或个体就像纸张的正反两面，彼此不可分离。环境与个体相互依存，个体通过自身的成长发展、行为活动或子孙后代来改善所处的环境，而环境又为个体提供生存的可能，并且融入个体的世界，成为其中一部分。

　　杜威赞同由达尔文首次提出的一个观点，根据该观点，个体不再被动地接受自然的塑造，不再取决于自然，而自然也不再被迫屈从于人类的思维和理性。自然与人类在进行一种对话、交流和永久的互相适应，两者之间将不会再出现完全一致或结合——那只是最初或最终的状态。自从达尔文提出了进化论，人们就意识到了对生者来说，进化并不是一个非常仁慈的过程。尽管物种和个体在经历了偶然的变化后，都得到进化并且适应新的环境，

---

[1] 把原生态、园艺、农业以及许多其他不同领域的知识相结合设计而成的准自然系统。——译注

但是，许多物种和个体却永远地消失了。个体的需求与特定的环境对个体的影响不平衡，这远非特殊情况，而已成为一个普遍的规律，人们用经验和调查（这是获取经验最复杂的方式）来应对这种不平衡。简言之，生态学是用来管理作物、土地和人的一种手段，在达尔文主义者恩斯特·海克尔（Ernst Haeckel）看来，是"研究生物与周围世界的关系的一门科学，从广义上来说，是关于生存条件的一门科学"。[19]

自然科学一直依赖于经验。经验的获得基于与观察到的现象建立起一种对话，而不是基于对其他事物的主宰或简单纯粹的消灭，伊甸园里的亚当、所有耕种者、世界各国的农民，还有如今几千名超小型农业企业的所有人，都是通过这种对话来获得经验。他们都在努力地调整工作方法，使之适应自己所处的环境和自身的需求。当自身的需求远非基本需求、远非永恒不变，而是依赖于自己与身边特定环境的关系，当那些旨在满足环境所需的活动使环境真正有所改善，我们就可以说，理想的情况是人类的行为活动与生存的环境条件相辅相成，尽管这种情况很少能够完全实现。

实际上，大自然既不锱铢必较，也不乐善好施，是农业将其变成了一个适合人类生存的环境。这种转化建立在丰富的经验和一些条理清晰、经得起检验、意图明确、可传承给后代的知识之上，人们正是依靠这些知识来耕种和保护土地。一片土地，只有已被翻新且适宜人居住，才能被用来耕种，我们研究的这个领域符合注重生态的农业科学和农业生态学。传统农业逐渐走上了工业化、生产本位化和集约化的道路，已经不能再为人类和土地的延续与发展提供有利的环境，由于这些缺陷，农民很快就重新注意到了他们的首要任务——把地球塑造成一个"人类的地球"，打理好人类共同的土地。

结语：精心照料土地

1943 年，农民几乎得不到任何尊重。为此，哲学家西蒙娜·韦伊（Simone Weil）忧心忡忡，强烈要求人们多关注农民。她认为，人们只有在粮食短缺时才会想到农业，这对农民来说极为不公，不但对农民这个社会阶层，而且对农民这份职业，以及对农民与土地的特殊关系都是如此。

"职业"（métier）一词来源于"服务"［service］。从事一份职业，首先意味着服务于人们所依赖的生产工具，对耕者来说就是土地，对医生来说就是医院，对法学家来说就是法律；同时，意味着要服务于从中受益的团体。就上述三种情况而言，分别指活人、病人和受害者；最后，还意味着服务于自身，因为当个体为他人服务时，通过不断地自我完善，自身也能得到发展。

马克斯·韦伯（Max Weber）认为，"科学"与"使命"在政治家身上难免会出现分离的情形，但是当人们从事一份职业时，则能够得到统一。[1]"科学"对应的是方法，是为了达成目的而进行的合理调整，是新的发现，是调动所掌握的一切知识并使之与具体的情况相适应；而"使命"对应的是信念，是职业道德规范，是人类的最高追求，是对职业环境的尊重，对后代的关切。倘若没有科学，医生就会成为庸医；但是，倘若没有使命，病人就成了试验品，成为一个物件，医学界也就会因此出现道德沦丧的执医现象。对于教师和法官，当然还有农民来说，道理其实都一样。农民的工作就是打理田地，生产粮食，并且形成自己的"特性"。城市公民跟农民一样，也有自己的任务。西蒙娜·韦伊主张提高对农民的"社会关注度"，其实就是要给城市公民一项任务。公民的"科学"就是坚持不懈地研究公共问题，其"使命"就是保障权利的行使，且尊重前辈的成果。要塑造民主的公民身份，公民就必须承认农民的作用。

　　然而，在西蒙娜·韦伊的时代，农民已经处在"历史的垃圾箱"之中（1917 年，列夫·达维奇·托洛茨基 [Léon Trotski] 如是说）。其实，早在两个世纪之前，他们就已经被扔进了"垃圾箱"，而且始终待在里面。也就是说，农民对社会飞跃所做的历史贡献，以及在民族团结、个性发展、重在参与、独立的价值理念方面所付出的努力，没有或几乎没有得到认可。从理论上讲，民主的拥护者极为重视晦涩难懂的、被称为"民主文化"的价值观，并暗示民主政治就在于保障其延续与发展。我们之所以高度重视，并不是在于其固有的几个品质，而是因为这些价值观对生命的个体特性与社会特性进行再平衡。出人意料的是，农民从未赞同过相反的价值观——时而反动的、激进的、崇尚法西斯主义的；时而保守的、自私的、崇尚个人主义的——而是民主文化的能工巧匠。

我试图指出的是，农民与民主并非格格不入。尽管这样说似乎过于乐观，因为确实也存在许多几乎毫无民主可言的农民组织，但是要掩盖农民对人类共同历史的贡献，那是不符合甚至有损公民的职业操守的，以至于后者走起来显得体弱无力，踉踉跄跄。此外，人们对女性的贡献也视而不见。对公民的责任置之不理有违正义，同样，掩盖女性在历史上所做出的贡献也很不公平。广大女性一直在通过农耕，努力地维持生计。如今，许多食品和生态方面的需求都是靠家庭农业来满足，而这种农业模式又主要靠女性。所以，否认她们的贡献不合常理。

农民创造出了混合型的、复杂的、开放性的组织系统。这个系统恰恰显示出了其他系统的缺点，凸显了其在民主方面的不足，包括自由主义民主的缺陷。多亏了农民的经验，我们才意识到公民的都市观和精英观念给自由主义民主造成的问题；我们在政治生活中畅想绝对的等级和权力的集中也将被普通百姓的日常生活取代，而且这一观念深入人心；我们才更清楚地看到一种参与性的公民身份，不仅体现在公民做出同意或反对的表态，而且也体现在公民通过选出的代表真正参与权力的行使。最终，我们将发现体验性政治的作用，相对于那种宣称能体现，甚至实现某种崇高理想的政治模式，体验性政治表现得更加"好客"和"亲善"（建筑师吕西安·克罗尔这样表述）。简言之，无论在乡村还是在城市，我们都应"耕种好自己的田园"！

注 释

引 言

1. 有关民主和民主文化的理念，参见 Joëlle ZASK, *Participer. Essai sur les formes démocratiques de la participation*, Le Bord de l'eau, Paris, 2011。

2. 1962 年出版《寂静的春天》（*Silent Spring*）的雷切尔·卡森（Rachel Carson），20 世纪 60 年代后的经济学家勒斯特·R. 布朗（Lester R. Brown）、巴西的西可·曼德（Chico Mendes）、肯尼亚生物学家王嘉里·马泰（Wangari Maathai）、印度环境学家万达纳·西瓦（Vandana Shiva）以及玛丽 – 莫妮克·罗宾（Marie-Monique ROBIN）的作品 *Les Mois-sons du futur*, La Découverte, Paris, 2014。

3. Éric LIU, Nick HANAUER, *The Gardens of Democracy: A New American Story of Citizenship, the Economy, and the Role of Government*, Sasquatch Books, Seattle, 2011.

4. <fao. org>.

第一章

1. *Au commencement*, traduction de la Genèse par Henri MESCHONNIC,

chapitre 2, verset 15, p. 32, Brouwer, Paris, 2002.

2. <vbm-torah. org>.

3. Tamara L. WHITED, *Forests and Peasant Politics* in *Modern France*, Yale University Press, Yale, 2000, p. 214.

4. Aldo LEOPOLD, *A Sand County Almanac: And Sketches Here and There*, Oxford University Press, New York, 1949, p. 224.

5. Arne NÆSS, «The Shallow and the Deep, Long-Range Ecology Movement. A Summary», *Inquiry: An Interdisciplinary Journal of Philosophy*, 16, pp. 1–4, 1973.

6. Joseph POUSSET, «Préface», *in* Dominique BELPOMME, *Agriculture naturelle. Face aux défis actuels et à venir,* Éditions Agridécisions, Paris, 2008.

7. Moïse MAÏMONIDE, *Michne Torah, Hilkhot Gezeila,* chap. 6, § 11.

8. *Et il a appelé*, traduction du Lévitique par Henri MESCHONNIC, chap. 25, verset 4, *op. cit.*, p. 126.

9. RACHI, *Paracha Behar-Be'houkotaï,* <vbm-torah. org>.

10. Lévitique, *Sifra* ou *Torat Kohanim,* livre 3.

11.Sur ces témoignages, voir Emmanuel NAVON, «Sionisme et vérité. Plaidoyer pour l'État juif», *Outre-Terre*, 9, 2004, pp. 19–40.

12. *Vayikra Rabba*, chapitre 25.

13. Paul H. JOHNSTONE, «The Rural Socrates», *Journal of the History of Ideas*, 5, 2, 1944.

14. Oglethorpe, *in* Conrad CHERRY (dir.), *God's New Israel: Religious Interpretations of American Destiny,* Englewood Cliffs, Prentice Hall, 1971, p. 66.

15. 有关杰弗逊所扮演的角色，参见 Gordon S. WOOD, *The Creation of the American Republic, 1776–1787* (1969), The Norton Library, New York/Londres, 1972。

16. 1785 年 8 月 23 日，杰弗逊写给约翰·杰伊的信。有关杰弗逊的全部信件，参见 <let. rug. nl>。

17. A. Whitney GRISWOLD, «The Agrarian Democracy of Thomas

Jefferson», *The American Political Science Review,* 40, 4, 1946.

18. 1816 年 2 月 2 日，杰弗逊写给约瑟夫·卡贝尔的信。

19. Norman S. GRABO, «Crèvecoeur's American: Begin ning the World Anew», *The William and Mary Quarterly,* 48, 2, 1991, p. 103; *idem,* «A Snow-storm as It Affects the American Farmer»,p. 231. 这段引文选自 J. Hector ST. JOHN DE CRÈVECOEUR, *Letters from an American Farmer and Sketches of Eighteenth Century America (1770–1781),* Penguin Classic, New York, 1981。

20. *Ibid.,* «Thoughts of an American Farmer on Various Rural Subjects», p. 282.

21. Thomas JEFFERSON, *Notes sur la Virginie,* NVa., 1984, pp. 290–291.

22. 1816 年 2 月 2 日，杰弗逊写给约翰·杰伊的信。

23. A. Whitney GRISWOLD, «The Agrarian Democracy of Thomas Jefferson», *loc. cit.,* Jefferson à Du Pont, 24 avril 1816, *in* Gilbert CHINARD, *Trois Amitiés françaises de Jefferson, d'après la correspondance inédite,* Les Belles Lettres, Paris, 1927, p. 258.

24. 有关农民生活的鼎盛时期以及普通农民在美国殖民期间所遭受的抨击，参见 Richard BRIDGMAN, «Jefferson's Farmer before Jefferson», *American Quarterly,* 14, 4, 1962。

25. 有关举措的意义，参见 Richard K. MATTHEWS, *The Radical Politics of Thomas Jefferson: A Revisionist View,* University Press of Kansas, Lawrence, 1984。

26. John LOCKE, *Second Traité du gouvernement civil,* chapitre IX, «Des fins de la Société politique et du Gouvernement».

27.Crawford Brough MACPHERSON, *La Théorie politique de l'individualisme possessif. De Hobbes à Locke,* Gallimard, Folio, Paris, 2004.

28. 1787 年 12 月 20 日，杰弗逊写给詹姆斯·麦迪逊的信。

29.Richard BRIDGMAN, «Jefferson's Farmer before Jefferson», *loc. cit.*

30. John DICKINSON, *Letters from a Farmer in Pennsylvania*, lettre 1, 1767, <oll.libertyfund.org>.

31. Ralph Waldo EMERSON, *The Complete Works of Ralph Waldo Emerson*, Houghton Mifflin and Co, Boston/New York, 1904. 下文中由本人翻译的引文也都出自这部作品。

32. Ralph Waldo EMERSON, *The Works of Ralph Waldo Emerson*, op. cit. 下文中出现的引文也出自这部作品。

33. Masanobu FUKUOKA, *L'Agriculture naturelle. Théorie et pratique pour une philosophie verte*, Guy Trédaniel, Paris, 2004.

34. Douglas C. STENERSON, «Emerson and the Agrarian Tradition», *Journal of the History of Ideas*, 14, 1, 1953, p. 110.

35. Philippe MÉRIEU, <merieu.com>.

36. Maria MONTESSORI, *The Montessori Method: Scientific Pedagogy as Applied to Child Education in the Children's Houses* (1909), Frederick A. Stokes Company, New York, 1912. 引文多数出自这部作品的第 10 章 «Gardening and Horticulture as a Basis of a Method for Education of Children»。

37. GOETHE, *Elective Affinities*, cité par David E. COOPER, *A Philosophy of Gardens*, Oxford University Press, Oxford, 2006, p. 75.

38. <ariena.org>.

39. John DEWEY, *L'art comme expérience*, Folio Essais, Gallimard, Paris, 2010.

40. 这种说法出自奥古斯丁·贝尔克，后来由亨利·路易·高引用 «Vers une reconstruction de la forme scolaire: l'institution du paysage à l'école Freinet de Vence», *Carrefours de l'éducation*, 22, 2006。

41. Philippe MÉRIEU, <merieu. com>.

42. Gabriel TARDE, *La Logique sociale*, Les Empêcheurs de penser en rond, Paris, 1999.

43. <ac-limoges. fr>.

第二章

1. Joëlle ZASK, *Participer...*, *op. cit.*, chap. 1.

2. Herbert MARCUSE, *L'Homme unidimensionnel*, Minuit, Paris, 1968.

3. Bronislaw BACZKO, «Lumières et utopie. Problèmes de recherches», *Annales. Économies, Sociétés, Civilisations*, 2, 1971.

4. Charles FOURIER, *Traité de l'association domestique agricole*, Bossange et Cie, Paris/Londres, t. 1, 1922, p. 40.

5. Charles FOURIER, «Garanties à exiger», *Éducation postérieure, La Phalange*, 1967–1968.

6. Charles FOURIER, *Le Nouveau Monde industriel* (1829), t. 1, chapitre 11, Librairie belgefrançaise, 1840, pp. 198–199.

7. Philippe PIERSON et Béatrice CABEDOCE (dir.), *Cent Ans d'histoire des jardins ouvriers, 1896–1996*, Créaphis, Paris, 1996. 有关国内经济，参见 Florence WEBER, *L'Honneur des jardiniers. Les potagers dans la France du XXe siècle*, Belin, Paris, 1998。

8. Jean-Marie MAYEUR, «L'abbé Lemire et le terrianisme», *in* Philippe PIERSON et Béatrice CABEDOCE (dir.), *Cent Ans d'histoire des jardins ouvriers, 1896–1996*, *op. cit.*, pp. 21–31.

9. Bruno MARMIROLI, «De quel droit jardine-t-on?», *in* Jean-Jacques TERRIN (dir.), *Jardins en ville, villes en jardin*, Parenthèses, Paris, 2013.

10. Bruno MARMIROLI, «De quel droit jardine-t-on?», *loc. cit.*, p. 283.

11. *Ibid.*, p. 28.

12. Charles TAYLOR, *Le Malaise de la modernité* (1991), Cerf, Paris, 2008, p. 23.

13. Philippe PIERSON et Béatrice CABEDOCE (dir.), *Cent Ans d'histoire des jardins ouvriers, 1896–1996*, *op. cit.*, p. 251.

14. George L. MOSSE, *Les Racines intellectuelles du Troisième Reich, la crise de l'idéologie allemande* (1964), Calmann-Lévy, Paris, 2006.

15. Theodor FRITSCH, 1912, 引自 Anne QUINCHON-CAUDAL, « "Revenons à la glèbe!" Le culte de la terre comme réaction aux crises économiques et culturelles en Allemagne (années 1880–1930)», 2011, p. 30, <basepub. dauphine. fr>。

16. 引自 Richard DARRE, *Das Bauerntum als Lebensquell der Nordischen Rasse*, Lehmann, Munich, 1934 (préface à la deuxième édition), <archive. org>。

17. Anne QUINCHON-CAUDAL, « "Revenons à la glèbe !" Le culte de la terre comme réaction aux crises économiques et culturelles en Allemagne (années 1880–1930)», *loc. cit.*

18. *Ibid.*

19. Theodor FRITSCH, *in ibid.*, p. 6.

20. *Ibid.*

21. Henri MESCHONNIC, *Modernité modernité*, Gallimard, Folio, Paris, 1995, p. 43.

22. Meyer SHAPIRO, «L'objet personnel, sujet de nature morte. À propos d'une notation de Heidegger sur Van Gogh», *in idem, Style, artiste et société*, Gallimard, Paris, 1982, p. 35.

23. Martin HEIDEGGER, «L'origine de l'oeuvre d'art», *in idem, Chemins qui ne mènent nulle part*, Gallimard, Paris, 1980, pp. 33–37.

24. Jacques DERRIDA, «Restitutions, de la vérité en pointure», *in idem, La Vérité en peinture*, Flammarion, Paris, 1978, pp. 404–405.

25. Maurice GUENEAU, «D'un usage possible de l'écologie pour l'éducation morale», *Autres Temps. Cahiers d'éthique sociale et politique*, 52, 1996, pp. 59–69.

26. Moshe LEWIN, «Documentation sur la construction des kolkhozes en URSS: Rapport du Kolkhozcentr du 7 septembre 1929», *Cahiers du monde russe et soviétique*, 6, 4, 1965, p. 549.

27. Ian KERSHAW, *L'Opinion allemande sous le nazisme*, CNRS Éditions, Paris, 1998.

28. Moshe LEWIN, «Documentation sur la construction des kolkhozes

en URSS», *loc. cit.* Le manque d'agronomes et de tracteurs est signalé par le rapport p. 533.

29. Ibid., p. 544.

30. Leonard E. HUBBARD, *The Eco nomics of Soviet Agriculture*, Macmillan, Londres, 1939, p. 233.

31.Benedict J. TRIA KERKVLIET, «Everyday Politics in Peasant Societies (and Ours)», *The Journal of Peasant Studies*, 36, 1, 2009, p. 240.

32. Pascal MARCHAND, «L'agriculture postsoviétique: la crise sans mutation?», *Annales de géographie*, 106, 597, 1997, pp. 459–478.

33. Moshe LEWIN, *La Paysannerie et le pouvoir soviétique: 1928-1930*, Mouton, La Haye, 1966, p. 27. Voir aussi Jovan HOWE, *The Peasant Mode of Production*, University of Tampere, 1991.

34. Karl Marx, lettre du 8 mars 1881 à Vera Zassoulitch, <marxists. org>.

35. Karl-Eugen WÄDEKIN et Marie- Elisabeth XIFARAS, «Le secteur privé dans l'agriculture soviétique, de la déposition de Khrouchtchev au congrès des kolkhoziens», *Cahiers du monde russe et soviétique*, 11, 1, 1970, p. 23.

36. Louiza BOUKHARAEVA et Marcel MARLOIE, «L'apport du jardinage urbain de Russie à la théorisation de l'agriculture urbaine», *vertigO. La revue électronique en sciences de l'environnement* [En ligne], 10, 2, 2010.

37. Ira Kenneth LINDSAY, «A Troubled Path to Private Property: Agricultural Land Law in Russia», 2009 <works. bepress. com>.

38. Tatiane NÉFÉDOVA et Denis ECKERT, «L'agriculture russeaprès 10 ans de réformes: transformations et diversité», *L'Espace géographique*, 32, 4, 2003, pp. 289–300.

39. Louiza BOUKHARAEVA et Marcel MARLOIE, «L'apport du jardinage urbain de Russie à la théorisation de l'agriculture urbaine», *loc. cit.*

40. Philippe PIERSON et Béatrice CABEDOCE (dir.), *Cent Ans d'histoire des jardins ouvriers, 1896–1996, op. cit.*

41. Marguerite YOURCENAR, *Quoi ? L'Éternité*, Gallimard, Paris, 1988, p. 299.

42. 但是，巴黎从 1927 年起就逐渐把原先让与的土地收回，用于建设兵营和新的交通干线。

43. 斯坦利·布德研究了从埃比尼泽·霍华德时代直至现在的城市农园运动，得出了同样的结论。Stanley BUDER, *Visionariess and Planners: The Garden City Movement and the Modern Community*, Oxford University Press, New York/Oxford, 1990.

44. Éric Quiquet, adjoint à l'environnement de la mairie de Lille, <jardins-partages. org>.

45. Claire NETTLE, *Growing Community: Starting and Nurturing Commu nity Gardens*, South Australia, 2014, <communitygarden.org>.

46. Walter BENJAMIN, «Expérience et pauvreté» (1933), *in idem, OEuvres II*, Gallimard, Folio, Paris, 2000, pp. 364–372.

47. Pascal AMPHOUX, «Le jardin métropolitain: du projet écologique à l'écologie du projet», *loc. cit*, p. 227.

48. «Rooted in Community», <cityfarmer. org>.

49. Mary B. PUDUP, «It Takes a Garden: Cultivating Citizensubjects in Organized Garden Projects», *Geoforum*, 39, 2008.

50. Claire NETTLE, *Growing Community: Starting and Nurturing Community Gardens, op. cit*, p. 68.

51. Melissa L. CALDWELL, *Dacha Idylls. Living Organically in Russia's Countryside*, University of California Press, Berkeley, 2011. Et Alexandra KASATKINA, «Public and Private in Contemporary Russia: The Case of Garden Cooperatives», mémoire de master, 2011, <academia.edu>.

52. Claire NETTLE, *Growing Community: Starting and Nurturing Community Gardens, op. cit*.

53. Ibid.

54. Michel DE MONTAIGNE, *Essais*, livre I.

55. <ajonc.org>. 有关共享农园和更多的相关信息，参见 Sandrine Baudry, Julie Scapino, Christine Aubry et Élisabeth Rémy, «L'espace public à l'épreuve des jardins collectifs à New York et Paris», *Géocarrefour*, 89, 1–3,

2014。

56. <jardins. wordpress. com>.

57. <marseille. fr>.

58. Ray OLDENBURG, *The Great Good Place*, Paragon House, New York, 1989.

59. Marcel MAZOYER et Laurence ROUDART, *Histoire des agricultures du monde. Du néolithique à la crise contemporaine*, Seuil, Paris, 2002.

60. Ibid., p. 47.

61. Éric MOLLARD et Annie WALTER, *Introduction. Agricultures singulières*, IRD Éditions, Montpellier, 2008.

62. John PAULL, «"Please Pick Me". How Incredible Edible Todmorden is Repurposing the Commons for Open Source Food and Agricultural Biodiversity», *in* Jessica FRANZO, Danny HUNTER, Teresa BORELLI et Federico MATTEI (dir.), *Diversifying Foods and Diets: Using Agricultural Biodiversity to Improve Nutrition and Health*, Earthscan, Routledge, Oxford, 2013, pp. 336–345.

63. Karen SCHMELZKOPF, «Urban Community Gardens as Contested Space», *Geographical Review*, 85, 3, 1995.

64. «The Multi-Culture of Community Gardens in New York City», <commmunitygardening. blogspot. fr>.

65. «Rooted in Community», *loc. cit.*

66. 澳大利亚墨尔本的团体农园属于这种情况。参见 Imas AGUSTINA et Ruth BEILIN, «Community Gardens: Space for Interactions and Adaptations», *Procedia, Social and Behavioral Sciences*, 36, 2012 及其参考文献。

67. Joëlle ZASK, «The Question of Multiculturalism», *in* Renéo LUKIC et Michael BRINT (dir.), *Culture, Politics, and Nationalism in the Age of Globalization*, Ashgate Publishing Company, Londres, 2001.

68. Yona FRIEDMAN, *Utopies réalisables*, Éditions de l' Éclat, Paris, 2015.

69. Ralph Waldo EMERSON, «Farming», *The Complete Works, op. cit.*, t. 7, chapitre 6.

70. François-Marie DE MARSY, «La Géorgie», *Histoire moderne des Chinois, des Japonnois, des Indiens...*, t. 9, article 9, Desaint et Saillant, 1762, p. 418.

71. Cité par Thadeus MASON HARRIS, *Biographical Memorials of James Oglethorpe,* Boston, 1841, <archive. org>.

72. Charles C. JONES, *Historical Sketch of Tomo-Chi-Chi, Mico of the Yamacraws,* J. Munsell, Albany, 1868.

73. Turpin C. BANNISTER, «Oglethorpe's Sources for the Savannah Plan», *Journal of the Society of Archi - tectural Historians,* 20, 2, 1961.

74. Françoise LIEBERHERR-GARDIOL, «Durabilité urbaine et gouvernance, enjeux du XXIe siècle», *Revue internationale des sciences sociales,* 193–194, 2007, pp. 373–385.

75. Aristide YEMMAFOUO, «L'agriculture urbaine camerounaise. Au-delà des procès, un modèle socioculturel à intégrer dans l'aménagement urbain», *Géocarrefour,* 89, 1, 2014, pp. 85–93. 本期期刊介绍了近年来城市农耕的二十几个例子。

76. <musedt. com>.

77. Karen SCHMELZKOPF, «Urban Community Gardens as Contested Space», *loc. cit.,* p. 374.

78. <pro.nordnet.fr>. 另参见 1990 年科卡涅为发展社交而创办农园的举措。

79. Carol GILLIGAN, *Une voix différente,* Champs-Flammarion, Paris, 2008.

80. 可参见 HILLEL, «Si je n'ai pas soin de moi, qui donc aura soin de moi ?», *Maximes des Pères, Michna,* chapitre 1, 14。

81. 本段参见美国园艺疗法协会的基本章程，<ahta. org>。

82. Nancy GERLACH-SPRIGGS, Richard Enoch KAUFMAN et Sam Bass WARNER Jr., *Restorative Gardens: The Healing Land scape,* Yale

University, Yale, 1998, p. 165.

83. Dominique SAUVAGE, «Plantes, jardins et thérapie horticole», <jejardine. org>.

84. <growtheplanet. com>.

85. Charles A. LEWIS, *Green Nature/ Human Nature: The Meaning of Plants in Our Lives*, University of Illinois Press, Chicago, 1996.

86. Stephanie WESTLUND, *Field Exercises: How Veterans Are Healing Themselves through Farming,* New Society Publishers, Gabriola Island, 2014, p. 61.

87. Ibid.

88. Ira STAMM et Andy BARBER, «The Nature and Change in Horticultural Therapy», article présenté à la 6ᵉ conférence annuelle, NCTRH, Topeka, 1978.

89. Stephanie WESTLUND, *Field Exercises..., op. cit.*

90. Charles A. LEWIS, *Green Naturel Human Nature..., op. cit.*, p. 83.

91. James JILER, *Doing Time in the Garden: Life Lessons Through Prison Horticulture*, New Village Press, New York, 2006, p. 35。

92. Stephanie WESTLUND, *Field Exercises..., op. cit.*, p. 54.

93. Ibid.

94. <incredibleediblenetwork. org. uk>.

第三章

1. Jared DIAMOND, *Effondrement. Comment les sociétés décident de leur disparition ou de leur survie*, Gallimard, Folio, Paris, 2009.

2. 对这一观点的有关评论，参见 Alain TESTARD, *Les Chasseurs-cueilleurs ou l'origine des inégalités*, Société d'ethnographie, université Paris-X-Nanterre, 1982。

3. Pierre CLASTRES, *La Société contre l'État*, Minuit, Paris, 1974; Claude LÉVI-STRAUSS, *L'Anthropologie face aux problèmes du monde moderne*, Seuil, Paris, 2011; Marshall SAHLINS, *Âge de pierre, âge*

d'abondance, Gallimard, Paris, 1976; Richard MANNING, *Against the Grain: How Agriculture Has Hijacked Civilization*, North Point, New York, 2004.

4. Karl MARX, *Le Manifeste communiste, OEuvres*, 1, *Économie*, 1, La Pléiade, Paris, 1963, p. 166.

5. Pamela LEONARD et Deema KANEFF (dir.), *Post-Socialist Peasant? Rural and Urban Constructions of Identity in Eastern Europe, East Asia and the Former Soviet Union*, Palgrave, Londres, 2002, p. 7.

6. 这部未完成的小说可以追溯到 1844 年，曾经被巴尔扎克视为"最伟大的小说"，且得到过马克思和恩格斯的高度赞赏。这句话出自这部小说的第二部分，描写城市资产阶级对农民的剥夺并预言了农民阶级的灭亡。

7. 引自 Roland LEW, «Révolutionnaires et paysans. Le cas chinois et l'héritage du marxisme classique», *L'Homme et la société*, pp.172–173, 2009。

8. Monique ROUCH, *Les Communautés rurales de la campagne bolognaise et l'image du paysan dans l'oeuvre de Giulio Cesare Croce (1550–1609)*, Presses universitaires de Bordeaux, 1995.

9. Ernest RENAN, *La Réforme intellectuelle et morale en France* (1871), Calmann-Lévy, Paris, 1966, p. 110.

10. Karl MARX, *Le Dix-huit Bru - maire de Louis-Bonaparte* (1852), Éditions sociales, Paris, 1984, p. 189.

11. PRÉVOST-PARADOL, 引自 Philippe VIGIER, «La République à la conquête des paysans, les paysans à la conquête du suffrage universel», *Politix*, 4, 15, 1991, p. 10。

12. Alain CORBIN, *Le Village des cannibales*, Aubier, Paris, 1990, cité par Philippe VIGIER, «La République à la conquête des paysans, les paysans à la conquête du suffrage universel», *loc. cit.*, p. 11.

13. Jean-Louis BRIQUET, «Les "primitifs" de la politique. La perception par les élites du vote en Corse sous la IIIe République», *Politix*, 4, 15, 1991.

14. Philippe VIGIER, «La République à la conquête des paysans, les paysans à la conquête du suffrage universel», *loc. cit.*

15. Susana BLEIL, «Avoir un visage pour exister publiquement: l'action collective des sans-terre au Brésil», *Réseaux*, 1, pp. 129–130, 2005.

16. 引自 Chloé GABORIAUX, «L'autre peuple», *La Vie des idées*, 2011, <laviedesidees. fr>。

17. Roland LEW, «Révolutionnaires et paysans. Le cas chinois et l'héritage du marxisme classique», *loc. cit.*

18. Émile TÉNOT, un proche de Gambetta, cité par Chloé GABORIAUX, «L'autre peuple», *loc. cit.*

19. Ibid.

20. Yves GUILLERMOU, «Entre approche du monde paysan et expertise», *Journal des anthropologues*, pp. 126–127, 2011.

21. Francis DUPUIS-DÉRI, *Démocratie. Histoire politique d'un mot aux États-Unis et en France*, Lux, Bruxelles, 2013, p. 40. Sur l'ancienneté des formes démocratiques, 另参见 David GRAEBER, *The Democracy Project: A History, a Crisis, a Movement*, Spiegel and Grau, New York, 2013。

22. 参见 Jean-Louis BRIQUET et Yves DÉLOYE, «La politique en campagnes», *Politix*, 4, 15, 1991 ; Marc BLOCH, *Les Caractères originaux de l'histoire rurale française*, Les Belles Lettres, Paris, 1931。

23. Jean-Marc MORICEAU, *Terres mouvantes. Les campagnes françaises du féodalisme à la mondialisation: 1150–1850*, Fayard, Paris, 2002.

24. Jean-Philippe MARTIN, «Les contestations paysannes autour de 1968. Des luttes novatrices mais isolées», *Histoire & Sociétés rurales*, 41, 1, 2014.

25. 关于私有地产制度与习惯法（土地权）、个人所有权制度与民法（永久专属权），参见 Michel MERLET, «Différents régimes d'accès à la terre dans le monde. Le cas de l'Amérique latine», *Mondes en développement*, 151, 2010 ; Jean COMBY, «La propriété, de la Déclaration des droits au code civil», *Études foncières*, 108, 2004。

26. Louiza BOUKHARAEVA ET MARCEL MARLOIE, «L'apport du

jardinage urbain de Russie à la théorisation de l'agriculture urbaine», *loc. cit.*

27. John LOCKE, *Traité du Gouvernement Civil*, chapitre 5, «De la propriété des choses», <classiques. uqua. ca>.

28. Jean Fabien SPITZ, *John Locke et les fondements de la liberté moderne*, Presses universitaires de France, Paris, 2001.

29. 这一点应值得注意，因为在洛克看来，印第安人野蛮懒惰，只会浪费土地，不应看作是土地的合法所有者。引用了他的理性研究的观点，作为为欧洲殖民主义开脱以及对印第安人否定的主要来源。参见 James TULLY, *An Approach to Political Philosophy: Locke in Context*, Cambridge University Press, Cambridge, 1993。

30. Cara NINE, *Global Justice and Territory*, Oxford University Press, Oxford, 2012.

31. Charles C. JONES Jr., *Historical Sketch of Tomo-Chi-Chi, Mico of the Yamacraws*, J. Munsell, Albany/New York, 1868.

32. Thomas HOBBES, De Cive *ou les fondements de la politique*, 1642, chapitre 3, § 18.

33. Thomas JEFFERSON, *Notes on the State of Virginia*, 1785, pp. 236–237.

34. Thomas JEFFERSON, *Writings*, I, édité par Lipscomb and Bergh, 1821, pp. 58–59. 该书问世的时候，作者托马斯·杰斐逊 77 岁。

35. François QUESNAY, *Le Tableau économique*, 1758.

36. 引自 Whitney GRISWOLD, «The Agrarian Democracy of Thomas Jefferson», *The American Political Science Review*, 40, 4, 1946, p. 667。

37. *Ibid.*, p. 661. Jefferson, Lettre à Rev. James Madison, 28 octobre, *Writings*, VIII, *op. cit.*, p. 196.

38. 即 20 公顷。JEFFERSON, «Draft Constitution for Virginia», 1776, <vagovernmentmatters. org>.

39. 1785 年 10 月 28 日，杰斐逊写给麦迪逊的信。

40. 1787 年 1 月 30 日，杰斐逊写给麦迪逊的信。

41. 例如，麦迪逊认为杰斐逊只是照抄了洛克的《协约》。

42. 关于美国农学主义的多个分支以及杰斐逊的观点，参见 Thomas P. GOVAN, «Agrarian and Agrarianism: A Study in the Use and Abuse of Words», *The Journal of Southern History*, 30, 1, 1964。

43. Charles A. BEARD, *Economic Origins of Jeffersonian Demo cracy*, The Macmillan Company, New York, 1915, pp. 358, 427–428.

44. Claudio J. KATZ, «Thomas Jefferson's Liberal Anticapitalism», *American Journal of Political Science*, 47, 1, 2003. 另见 Roger G. KENNEDY, *Mr. Jefferson's Lost Cause Land, Farmers, Slavery, and the Louisiana Purchase,* Oxford University Press, Oxford, 2003, 该书探讨了杰斐逊自相矛盾的观点。

45. Karl MARX, *Le Capital*, Livre premier, VIIIe section, chapitre XXVII : «L'expropriation de la population campagnarde».

46. Simone WEIL, *L'Enracinement, Prélude à une déclaration des devoirs envers l'être humain*, Gallimard, Folio, Paris, 1990.

47. Lévitique, 25, 23.

48. Sermont du prédicateur John Ball, 1361, <universalis.fr>.

49. 有关这一现象的本质以及阐明这一问题的难度，参见 Michel MERLET, «Les accaparements de terres dans le monde: une menace pour tous», *Pour*, 220, 2013。2008 年，支持农民斗争的小型国际组织 "GRAIN" 已揭示该现象所面临的危险。

50. Karl POLANYI, *La Grande Transformation. Aux origines politiques et économiques de notre temps* (1944), Gallimard, Paris, 1983, pp. 238–239.

51. 引自 Frank MULLER, <alternativelibertaire. org>。

52. Diarmaid MACCULLOCH, «Kett's Rebellion in Context», *Past & Present*, 84, 1979, p. 45.

53. Karl MARX, *Le Capital*, livre 1, chapitre 27.

54. Edward WINSLOW MARTIN, *History of the Grange Movement, Or, the Farmers War Against Monopolies*, 1873.

55. Seymour Martin LIPSET, *Agrarian Socialism*, University of California Press, Berkeley, 1950.

56. *Idem*, «Some Social Requisites of Democracy: Economic Development and Political Legitimacy», *American Political Science Review*, 53, 1, 1959.

57. Péter HANÁK, «Mentalité et symbolique des mouvements socialistes agraires», *Archives de sciences sociales des religions*, 45, 1, 1978.

58. Alexis DE TOCQUEVILLE, *De la démocratie en Amérique*, t. I, première partie, chapitre III.

59. Robert M. LEVINE, *Vale of Tears: Revisiting the Canudos Massacre in Northeastern Brazil, 1893–1897*, University of California Press, Berkeley, 1995.

60. 出自维基百科（转引自 Dawid Danilo BARTELT, *Nation gegen Hinterland*, Taschenbuch, Reinbek, 2004, p. 204), <agter. org>。

61. Euclides DA CUNHA, *Hautes Terres. La guerre de Canudos* (1902), Métailié, Paris, 1993, pp. 550–555.

62. 参见 Robert M. LEVINE, *Vale of Tears: Revisiting the Canudos Massacre in Northeastern Brazil, 1893–1897, op. cit*。

63. George ORWELL, «As I Please», *Tribune*, 18 août 1944.

64. 参见 Michel MERLET, «Les acca parements de terres dans le monde: une menace pour tous», *loc. cit*。

65. «Land Grabbing: the End of Sus tainable Agriculture?», <stwr. org>.

66. Klaus DEININGER and Derek BYERLEE, *Rising Global Interest in Farmland: Can it Yield Sustainable and Equitable Benefits?*, World Bank eLibrary, 2011; Fred PEARCE, *The Land Grabbers: The New Fight over who Owns the Earth*, Boston, Beacon Press, 2012.

67. John VIDAL, «Fears for the World's Poor Countries as the Rich Grab Land to Grow Food», *The Guardian*, 3 juillet 2009.

68. Éric SABOURNIN, *Paysans du Brésil. Entre échange marchand et réciprocité*, Quae, Versailles, 2007; Estevam DOUGLAS, «Mouvement des sans-terres du Brésil : une histoire séculaire de la lutte pour la terre», *Mouvements*, 60, 2009.

69. Michael CURTIS et Susan Aurelia GITELSON (dir.), *Israel in the*

Third World, Transaction Publishers, New York, 1976.

70. <mfa. gov. il>.

71. PierreJoseph LAURENT et Jean-Philippe PEEMANS, «Les dimensions socioéconomiques du développement local en Afrique au sud du Sahara: quelles stratégies pour quels acteurs?», *Bulletin de l'APAD*, 15, 1998.

72. Yves GUILLERMOU, «Entre approche du monde paysan et expertise», *loc. cit.*

73. <alimenterre. org>.

74. <resilience. org>.

75. Karen SCHMELZKOPF, «Urban Community Gardens asContested Space», *loc. cit.*

76. 有关团体农园的历史，参见 Laura LAWSON, *City Bountiful: A Century of Community Gardening in America*, University of California Press, Berkeley, 2005。

77. 有关纽约这两场运动的价值以及最终结局的不可比性，参见 Karen SCHMELZKOPF, «Incommensurability, Land Use, and the Right to Space: Community Gardens in New York City», *Urban Geography*, 23, 4, 2002。

78. T. FOX, I. KOEPPEL et S. KELLAM, *Struggle for Space; the Greening of New York City*, Neighborhood Open Space Coalition, New York, 1985.

79. Aristide YEMMAFOUO, «L'agriculture urbaine camerounaise...», *loc. cit.*

80. LaDona G. KNIGGE, *Emerging Public Spaces in Marginalized Urban Places: The Political Economy of Community Gardens in Buffalo*, thèse de doctorat, New York [en ligne], 2006, p. 64.

81. Henri LEFEBVRE, *Writings on Cities*, Basic Blackwell, Oxford, 1996.

82. Ibid.

第四章

1. 关于空间与地点的区别，参见拙作 Joëlle ZASK, *Outdoor art. La sculpture et ses lieux*, La Découverte, Paris, 2013。

2. Pierre DARDOT et Christian LAVAL, *Commun. Essai sur la révolution au XXIe siècle*, La Découverte, Paris, 2014, p. 49.

3. Eitan GINZBERG, «State Agraria nism versus Democratic Agraria nism: Adalberto Tejeda's Experiment in Veracruz, 1928–1932», *Journal of Latin American Studies*, 30, 1998, p. 342.

4. Yves GUILLERMOU, «Entre approche du monde paysan et expertise», *loc. cit.*

5. 参见 Alexis DE TOCQUEVILLE, *De la démocratie en Amérique, op. cit.*, t. II, livre 4, chapitre VI。

6. Benedict J. Tria KERKVLIET, «Everyday Politics in Peasant Societies (and Ours)», *loc. cit.*

7. «The Onset of Faba Bean Farming in the Southern Levant», *Nature*, 13 octobre 2015.

8. 有关 18 世纪法国农学运动以及参与者为理解农业领域的巨大转变所扮演的角色，参见 Jean-Marc MORICEAU, «Au rendez-vous de la "Révolution agricole" dans la France du XVIIIᵉ siècle», *Annales. Histoire, Sciences sociales*, 49, 1, 1994。

9. Jacques CAPLAT, «Savoir-faire ou savoirs paysans?», <changeonsdagriculture. fr>.

10. Nathalie JAS, «Déqualifier le paysan, introniser l'agronome, France, 1840—1914», *Écologie & Politique*, 31, 2005. 有关美国的同样的进程，参见 Deborah FITZGERALD, «Mastering Nature and Yeoman. Agricultural Science in the Twentieth Century», *in* John KRIGE et Dominique PESTRE (dir.), *Science in the Twentieth Century*, Harwood, Amsterdam, 1997。

11. Éric MOLLARD, «D'un malentendu à l'autre, de la jachère à la

rationalité paysanne. Pensée agronomique et représentation sociale dans l'histoire de l'agriculture», *Ruralia* [en ligne], 10/11, 2002.

12. Jacques CAPLAT, «Savoir-faire ou savoirs paysans?», *loc. cit.*

13. Miguel ALTIERI, *Vertientes del pensamiento agroecologico: fundamentos y aplicaciones*, SOCLA Medellin, Colombie, 2009, p. 80. 引自 Frédérique JANKOWSKI, «La diffusion de savoirs agro-écologiques dans l'État de Oaxaca (Mexique)», *Revue d'anthropologie des connaissances*, 8, 3, 2014。

14. 墨西哥"本地"工程师的目标，就是用绿色肥料来恢复农业用地，见前文。

15. 关于该术语的演变及其社会和政治意义（发展可持续农业、轮作农业、精确农业、传统农业、家庭农业、生态农业等），参见 Guillaume OLLIVIER et Stéphane BELLON, «Dynamiques paradigmatiques des agricultures écologisées dans les communautés scientifiques internationales», *Natures Sciences Sociétés*, 21, 2013。

16. <semencespaysannes. org>.

17. Éric MOLLARD et Annie WALTER, *Agricultures singulières*, RD Éditions, Paris, 2008.

18. Andrea WULF, *The Revolutionary Generation, Nature, and the Shaping of the American Nation*, Knopf, Londres, 2011.

19. 引自 Robert C. STAUFFER, «Haeckel, Darwin and Eco - logy», *The Quarterly Review of Biology*, 32, 2, 1957。

结　语

1. Max WEBER, *Le Savant et le Politique*, 10/18, Paris, 2004.